编委会

自学宝典系列

扫描书中的"二维码"
开启全新的微视频学习模式

中央空调
维修
自学宝典

精彩
微视频
讲解

全彩
全图解

数码维修工程师鉴定指导中心　组织编写

韩雪涛　主编　吴 瑛　韩广兴　副主编

电子工业出版社

Publishing House of Electronics Industry

北京·BEIJING

内 容 简 介

　　本书采用全彩+全图+微视频的全新讲解方式，系统全面地介绍中央空调的种类、结构、工作原理、安装、移机、检漏、抽真空、充注制冷剂及各种电气部件的检修等，开创了全新的微视频互动学习体验，使微视频教学与传统纸质的图文讲解互为补充。读者在学习过程中，通过扫描页面上的二维码，即可打开相应知识技能的微视频，配合图文讲解，轻松完成学习。

　　本书适合相关领域的初学者、专业技术人员、爱好者及相关专业的师生阅读。

使用手机扫描书中的"二维码"，开启全新的微视频学习模式……

图书在版编目（CIP）数据

中央空调维修自学宝典 / 韩雪涛主编. -- 北京：电子工业出版社，2021.9
（自学宝典系列）
ISBN 978-7-121-41810-5

Ⅰ．①中… Ⅱ．①韩… Ⅲ．①集中空气调节系统－维修 Ⅳ．①TB657.2

中国版本图书馆CIP数据核字（2021）第169153号

责任编辑：富　军
印　　刷：北京市大天乐投资管理有限公司
装　　订：北京市大天乐投资管理有限公司
出版发行：电子工业出版社
　　　　　北京市海淀区万寿路173信箱　邮编　100036
开　　本：787×1 092　1/16　印张：17.25　字数：441.6千字
版　　次：2021年9月第1版
印　　次：2021年9月第1次印刷
定　　价：98.00元

前 言

这是一本全面介绍中央空调专业维修知识和综合操作技能的自学宝典。

本书是专门为从事和希望从事中央空调维修、安装等相关工作的初学者和技术人员编写的，可在短时间内提升初学者的维修技能，为技术人员提供更大的拓展空间，丰富实践经验。

中央空调的维修知识与操作技能连接紧密，实践性强，对读者的维修专业知识和动手能力都有很高的要求。为了能够编写好本书，我们依托数码维修工程师鉴定指导中心进行了大量的市场调研和资料汇总，从中央空调相关岗位的需求角度出发，对中央空调安装维修所涉及的专业维修知识和综合操作技能进行系统的整理，以国家相关职业资格标准为核心，结合岗位的培训特点，重组技能培训架构，制订符合现代行业技能培训特色的学习计划，确保读者能够轻松、快速地掌握中央空调安装、维护及维修的相关知识和操作技能，以满足相关岗位的需求。

明确学习目标

本书目标明确，使读者从零基础起步，以国家相关职业资格标准为核心，以岗位就业为出发点，以自学为目的，以短时间内掌握中央空调专业安装、维修知识和综合操作技能为目标，实现对中央空调安装、维护及维修知识的全精通。

创新学习方式

本书以市场导向引领知识架构，按照中央空调安装、维护、维修岗位的从业特色和技术要点，以全新的培训理念编排内容，摒弃传统图书冗长的文字表述和不适用的理论解析，以实用、够用为原则，依托实际应用展开讲解，通过大量的结构图、拆分图、原理图、三维效果图、平面演示图及实际操作的演示，让读者轻松、直观地学习。

升级配套服务

本书由数码维修工程师鉴定指导中心组织编写，由全国电子行业资深专家韩广兴教授亲自指导。编写人员有行业资深工程师、高级技师和一线教师。本书无处不渗透着专业团队的经验和智慧，使读者在学习过程中如同有一群专家在身边指导，将学习和实践中需注意的重点、难点一一化解，大大提升学习效果。

为方便读者学习，本书所提供的电路图中的电路图形符号与实物标注（各厂家标注不完全一致）一致，不进行统一处理。

值得注意的是，若想将中央空调维修知识活学活用、融会贯通，须结合实际工作岗位进行循序渐进的训练。因此，为读者提供必要的技术咨询和交流是本书的另一大亮点。如果读者在工作学习过程中遇到问题，可以通过以下方式与我们交流。

数码维修工程师鉴定指导中心

联系电话：022-83718162/83715667/13114807267　　E-mail：chinadse@163.com

地址：天津市南开区榕苑路4号天发科技园8-1-401　　邮编：300384

编　者

目 录

第1章　认识中央空调　1

1.1　中央空调的特点【1】

　　1.1.1　中央空调的功能【1】

　　1.1.2　中央空调的种类【3】

1.2　风冷式风循环中央空调【5】

　　1.2.1　风冷式风循环中央空调的结构【5】

　　1.2.2　风冷式风循环中央空调的原理【10】

1.3　风冷式水循环中央空调【14】

　　1.3.1　风冷式水循环中央空调的结构【14】

　　1.3.2　风冷式水循环中央空调的原理【18】

1.4　水冷式中央空调【22】

　　1.4.1　水冷式中央空调的结构【22】

　　1.4.2　水冷式中央空调的原理【26】

1.5　多联式中央空调【28】

　　1.5.1　多联式中央空调的结构【28】

　　1.5.2　多联式中央空调的原理【36】

第2章　工具、仪表的使用　40

2.1　切割工具【40】

　　2.1.1　切管器【40】

　　2.1.2　钢管切割刀【41】

　　2.1.3　管子剪【42】

　　2.1.4　管路切割机【42】

2.2　加工工具【44】

　　2.2.1　倒角器【44】

　　2.2.2　锉刀和刮刀【45】

　　2.2.3　坡口机【45】

　　2.2.4　扩管器【46】

　　2.2.5　胀管器【47】

　　2.2.6　弯管器【48】

　　2.2.7　套丝机【49】

2.2.8 合缝机和咬口机【50】

2.3 钻孔工具【51】

2.3.1 冲击电钻【51】

2.3.2 墙壁钻孔机【52】

2.3.3 台钻【52】

2.4 焊接设备【53】

2.4.1 电焊设备【53】

2.4.2 电焊设备使用操作【55】

2.5 气焊设备【59】

2.5.1 气焊设备的特点【59】

2.5.2 气焊设备的使用【60】

2.5.3 热熔焊接设备【63】

2.6 测量工具、仪表【66】

2.6.1 水平尺、角尺和卷尺【66】

2.6.2 三通压力表【68】

2.6.3 双头压力表【70】

2.6.4 真空表【71】

2.6.5 称重计【71】

2.6.6 检漏仪【72】

2.7 辅助设备【73】

2.7.1 真空泵【73】

2.7.2 电动试压泵【75】

2.7.3 制冷剂钢瓶【75】

第3章 常用管材与配件 ⟨77⟩

3.1 常用管材和板材【77】

3.1.1 钢管【77】

3.1.2 铜管【79】

3.1.3 PE 管（聚乙烯管）【80】

3.1.4 PP-R 管（聚丙烯管）【81】

3.1.5 PVC 管（聚氯乙烯管）【81】

3.1.6 金属板材【82】

3.1.7 玻璃钢【85】

3.1.8 硬塑料板【85】

3.1.9 型钢【86】

3.2 常用配件【87】

3.2.1 钢管配件【87】

3.2.2 铜管配件【91】

3.2.3 塑料管配件【92】

3.3 阀门【92】

3.3.1 闸阀【92】

3.3.2 截止阀【93】

3.3.3 球阀【94】

3.3.4 蝶阀【94】

3.3.5 止回阀【94】

3.3.6 安全阀【95】

3.3.7 减压阀【95】

3.3.8 风量调节阀【96】

3.3.9 三通调节阀【96】

3.3.10 防火调节阀【96】

3.4 风口【97】

3.4.1 双层百叶风口【97】

3.4.2 单层百叶风口【98】

3.4.3 散流器【98】

3.4.4 蛋格式回风口【98】

3.4.5 喷口【99】

3.5 专用配件【99】

3.5.1 消声器【99】

3.5.2 水泵【100】

3.5.3 风机【100】

第4章

101

管路系统安装连接

4.1 风道的安装【101】

4.1.1 风管的制作【102】

4.1.2 风管的连接【106】

4.1.3 风道设备与风管的连接【109】

4.1.4 风道的吊装【111】

4.2 水管路的安装【113】

4.2.1 水泵的安装【114】

4.2.2 自动排气阀和排水阀的安装【115】

4.2.3 过滤器的安装【115】

4.2.4 水流开关的安装【116】

4.3 水冷管路的安装【116】

4.4 制冷剂管路的安装【118】

4.4.1 制冷剂管路安装总体施工原则【118】

4.4.2 制冷剂管路的材料选配要求【119】

4.4.3 制冷剂管路的存放【120】

4.4.4 制冷剂管路的长度要求【121】

4.4.5 制冷剂管路的连接要求【122】

4.4.6 制冷剂管路的处理措施【124】

4.4.7 制冷剂管路的加工【126】

4.4.8 制冷剂管路的承插钎焊连接【134】

4.4.9 制冷剂管路的螺纹连接【139】

4.4.10 制冷剂管路的保温【141】

4.4.11 制冷剂管路的固定【144】

4.4.12 分歧管的安装和连接【145】

4.4.13 存油弯的安装和连接【147】

4.4.14 冷凝水管的安装【148】

第5章 室外机的安装 151

5.1 风冷式中央空调室外机的安装【151】

5.1.1 风冷式中央空调室外机的安装要求【151】

5.1.2 风冷式中央空调室外机的固定【156】

5.2 水冷式中央空调冷水机组的安装【157】

5.2.1 水冷式中央空调冷水机组的安装要求【157】

5.2.2 水冷式中央空调冷水机组的吊装【160】

5.3 多联式中央空调室外机的安装【161】

5.3.1 多联式中央空调室外机的安装要求【161】

5.3.2 多联式中央空调室外机的固定【168】

第6章 室内末端设备的安装 169

6.1 风管机的安装与连接【169】

6.1.1 风管机的安装【169】

6.1.2 风管机与风道的连接【170】

6.2 风机盘管的安装【172】

6.2.1 测量定位【173】

6.2.2 安装吊杆【173】

　　　　6.2.3 吊装风机盘管【174】

　　　　6.2.4 连接水管路【175】

　　6.3 风管式室内机的安装【178】

　　　　6.3.1 风管式室内机的安装位置【178】

　　　　6.3.2 风管式室内机的固定【178】

　　　　6.3.3 风管式室内机的连接【181】

　　　　6.3.4 风管式室内机的防尘保护【182】

　　6.4 嵌入式室内机的安装【182】

　　　　6.4.1 嵌入式室内机的安装位置【182】

　　　　6.4.2 嵌入式室内机的连接【183】

　　6.5 壁挂式室内机的安装【184】

　　　　6.5.1 壁挂式室内机的安装位置【184】

　　　　6.5.2 壁挂式室内机的连接【185】

第7章 常见故障检修分析 189

　　7.1 风冷式中央空调故障检修分析【189】

　　　　7.1.1 高压保护故障检修分析【189】

　　　　7.1.2 低压保护故障检修分析【190】

　　7.2 水冷式中央空调故障检修分析【191】

　　　　7.2.1 无法启动故障检修分析【191】

　　　　7.2.2 制冷或制热效果差故障检修分析【195】

　　　　7.2.3 压缩机工作异常故障检修分析【199】

　　　　7.2.4 运行噪声大故障检修分析【202】

　　7.3 多联式中央空调故障检修分析【202】

　　　　7.3.1 制冷或制热异常故障检修分析【202】

　　　　7.3.2 不开机或开机保护故障检修分析【205】

　　　　7.3.3 压缩机工作异常故障检修分析【207】

　　　　7.3.4 室外机组不工作故障检修分析【209】

第8章 管路系统检修 210

　　8.1 管路系统的结构和检修流程【210】

　　　　8.1.1 管路系统的结构【210】

　　　　8.1.2 管路系统检修流程【216】

　　8.2 压缩机的结构和检测代换【217】

　　　　8.2.1 压缩机的结构【217】

8.2.2 压缩机的检测代换【223】

8.3 电磁四通阀的结构和检测【226】

8.3.1 电磁四通阀的结构【226】

8.3.2 电磁四通阀的检测【227】

8.4 风机盘管的结构和检修流程【232】

8.4.1 风机盘管的结构【232】

8.4.2 风机盘管的检修流程【234】

8.5 冷却水塔的结构和检修维护【235】

8.5.1 冷却水塔的结构【235】

8.5.2 冷却水塔的检修维护【237】

第9章　电路系统检修技能

239

9.1 电路系统检修分析【239】

9.1.1 风冷式中央空调电路系统【239】

9.1.2 水冷式中央空调电路系统【241】

9.1.3 多联式中央空调电路系统【248】

9.1.4 电路系统检修流程【255】

9.2 电路系统部件检修【256】

9.2.1 断路器【256】

9.2.2 交流接触器【258】

9.2.3 变频器【261】

9.2.4 PLC【263】

认识中央空调

1.1 中央空调的特点

1.1.1 中央空调的功能

图1-1为普通分体式空调器的应用特点。普通分体式空调器的室外机安装在室外，室内机安装在需要制冷（或制热）的房间内，室外机和室内机通过管路连接。

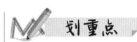

划重点

如果房间很多，就需要在每个需要制冷的房间都安装一套普通分体式空调器。这将给安装、维护、维修带来很多不便，同时也造成不必要的浪费。

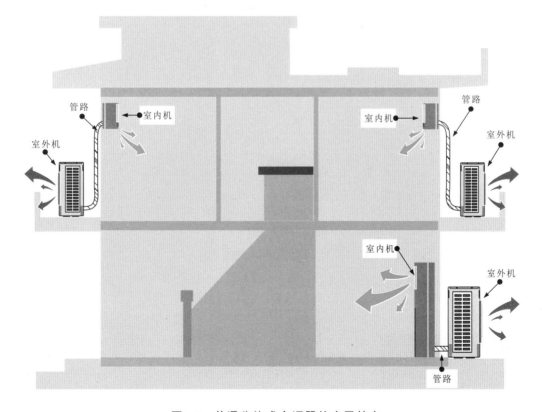

图1-1　普通分体式空调器的应用特点

　　中央空调是应用在大范围（区域）的空气温度调节系统，通常由一台或一组室外机通过风道、制冷管路或冷/热水管路连接多台室内末端设备，实现对大面积室内空间或多个独立房间制冷（制热）及空气调节。

　　图1-2 为中央空调的应用特点。中央空调实际上是将多个普通分体式空调器的室外机集中到一起，完成对空气的净化、冷却、加热或加湿等，再通过连接管路送到多个室内末端设备（室内机），实现对不同房间（或区域）的制冷（制热）和空气调节。

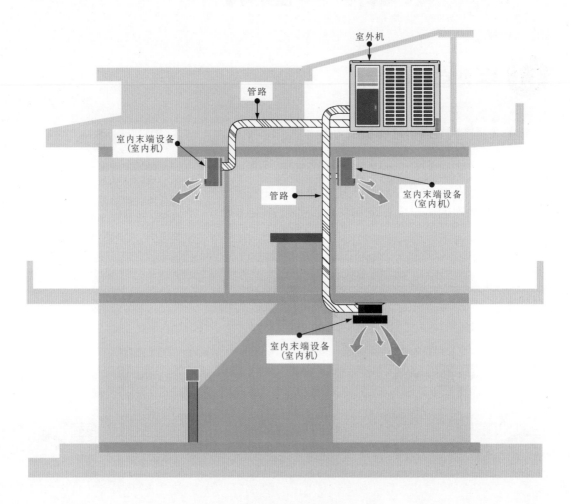

图1-2　中央空调的应用特点

　　普通分体式空调器在实现多房间温度调节时，需安装多组，每一组都会形成一套独立的管路系统，这会使布线凌乱、浪费严重，同时使制冷无法统一调节。
　　中央空调由一台或一组室外机集中制冷，在室内的不同位置可安装多个室内末端设备（室内机），在很大程度上可降低成本，使得安装更加简单，既美观，又便于维护。

1.1.2 中央空调的种类

中央空调的种类多样，根据用途的不同可以分为商用中央空调和家用中央空调。

1 商用中央空调

图1-3为商用中央空调系统示意图。

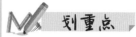
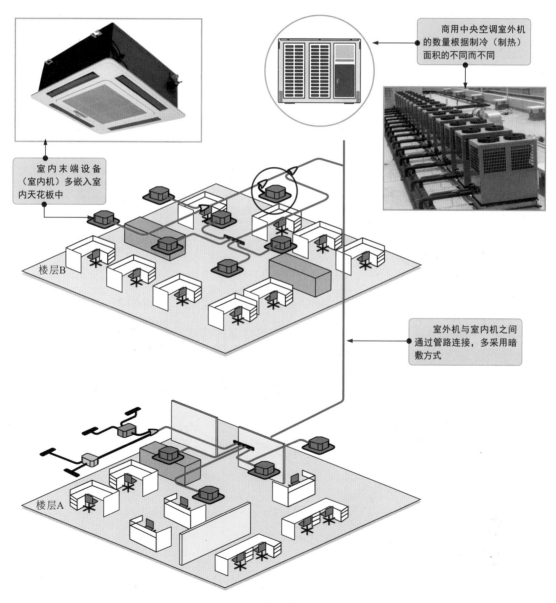

商用中央空调室外机的数量根据制冷（制热）面积的不同而不同

室内末端设备（室内机）多嵌入室内天花板中

楼层B

室外机与室内机之间通过管路连接，多采用暗敷方式

楼层A

图1-3　商用中央空调系统示意图

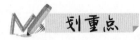

划重点

家用中央空调多为多联式中央空调系统（简称多联机），最大特点是采用一台室外机与多台室内机连接，实现家庭多房间的统一制冷（制热），减少安装成本，使控制与维护都变得更加便捷。

商用中央空调通常应用于企业、宾馆、饭店等公共场所，多以一台或多台主机通过风管或冷热水管连接多个室内末端出风口，将冷暖气流送到不同的区域，实现制冷或制热的目的。

2 家用中央空调

图1-4为家用中央空调系统示意图。家用中央空调也称家庭中央空调或户式中央空调，是应用于家庭的小型化独立空调系统，多以一台主机通过管路连接多个室内末端设备，将冷暖气流送到家庭中不同的房间，实现制冷或制热的目的。

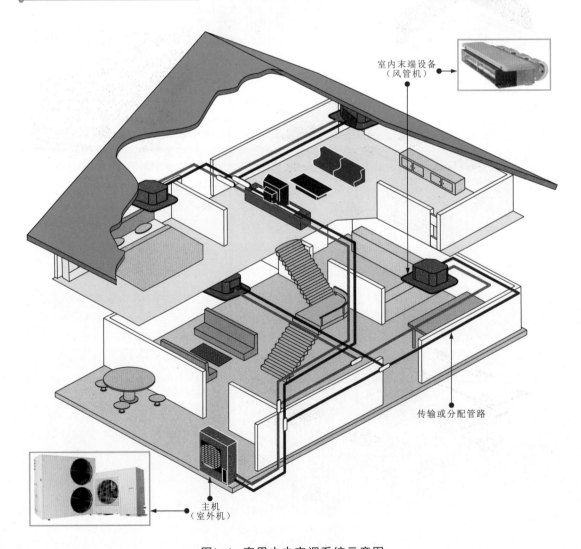

室内末端设备
（风管机）

传输或分配管路

主机
（室外机）

图1-4　家用中央空调系统示意图

1.2 风冷式风循环中央空调

1.2.1 风冷式风循环中央空调的结构

　　风冷式风循环中央空调是一种常见的中央空调系统，常在商用环境下应用，借助空气流动（风）作为冷却和循环传输介质，实现温度调节。图1-5为风冷式风循环中央空调系统的结构。

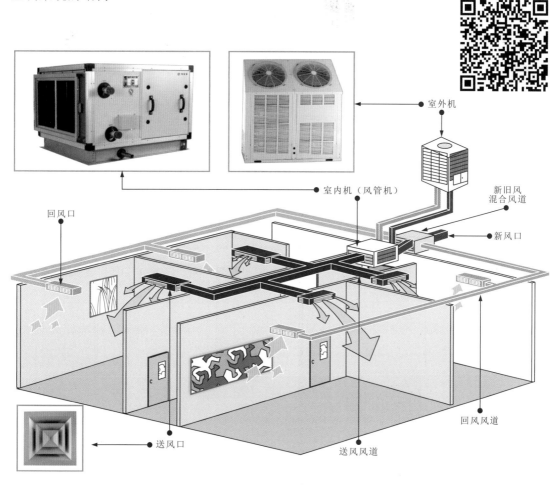

图1-5　风冷式风循环中央空调系统的结构

　　风冷式风循环中央空调的室外机借助空气流动（风）对冷凝器中的制冷剂进行降温或升温处理，将降温或升温后的制冷剂经管路送至室内机（风管机）蒸发器中，由室内机（风管机）蒸发器吸热或散热，将制冷（或制热）后的空气送入风道，经风道中的送风口（散流器）送入各个房间或区域，从而改变室内温度，实现制冷或制热的效果。

多说两句！

图1-6为风冷式风循环中央空调系统的结构组成，主要由风冷式室外机、风冷式室内机、送风口（散流器）、室外风机、风道连接器、过滤器、新风口、回风口、风道及风道中的风量调节阀等构成。

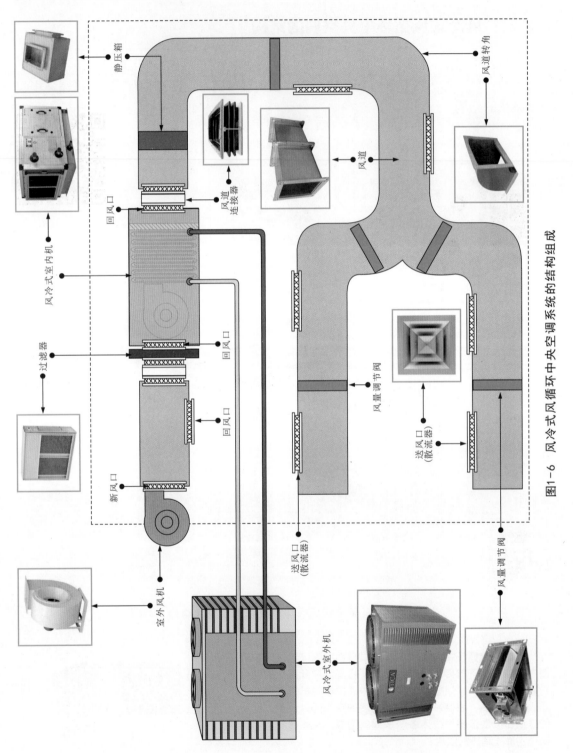

图1-6　风冷式风循环中央空调系统的结构组成

1 风冷式室外机

图1-7为风冷式室外机的实物外形。

图1-7 风冷式室外机的实物外形

2 风冷式室内机

图1-8为风冷式室内机的实物外形。

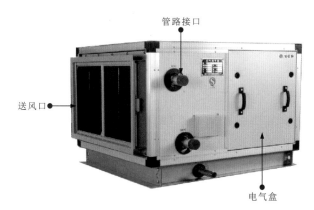

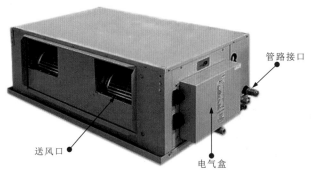

图1-8 风冷式室内机的实物外形

划重点

风冷式室外机采用空气循环散热方式对制冷剂降温，结构紧凑，可安装在楼顶和地面上。

风冷式室内机（风管机）多采用风管式结构，主要由封闭的外壳将内部风机、蒸发器及空气加湿器等集成在一起。

两端有回风口和送风口，由回风口将室内空气或新旧风混合的空气送入风机，由风管机将空气通过蒸发器进行热交换，再由风管机中的加湿器对空气进行加湿处理，最后由送风口将处理后的空气送入风道。

3 送风风道系统

风冷式风循环中央空调系统由风管机（室内机）将升温或降温后的空气经送风口送入风道，在风道中经静压箱降压，再经风量调节阀对风量进行调节后，将热风或冷风经送风口（散流器）送入室内。

图1-9为送风风道系统。

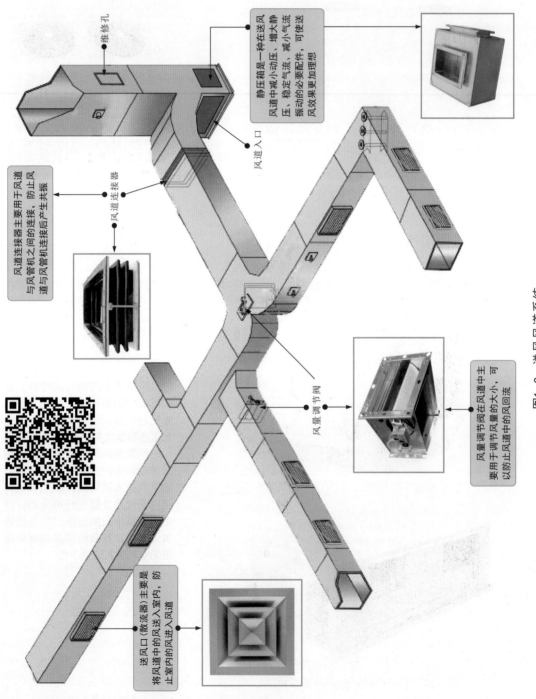

维修孔

风道入口

风道连接器

风量调节阀

静压箱是一种在送风风道中减小动压、增大静压，稳定气流、减小气流振动的必要配件，可使送风效果更加理想

风道连接器主要用于风道与风管机之间的连接，防止风道与风管机连接后产生共振

风量调节阀在送风风道中主要用于调节风道中风的大小，可以防止风道中的风回流

送风口（散流器）主要是将送风道中的风送入室内，防止室内的风进入风道

图1-9 送风风道系统

图1-10为送风风道的实物外形。送风风道简称风管，一般由铁皮、夹芯板或聚氨酯板等材料制成。中央空调系统通过送风风道可将冷热气流输送到送风口。

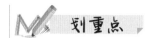

送风风道

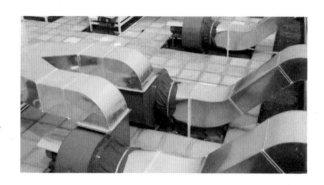

图1-10 送风风道的实物外形

图1-11为风量调节阀的实物外形。风量调节阀简称调风门，是不可缺少的末端配件，一般用在送风风道系统中，用来调节支管的风量，主要有电动风量调节阀和手动风量调节阀。

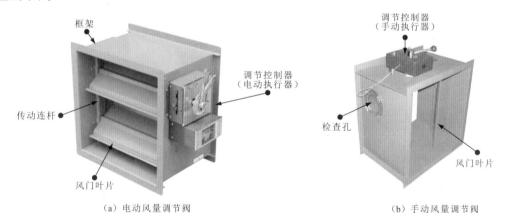

（a）电动风量调节阀　　　　　　　　　　（b）手动风量调节阀

图1-11 风量调节阀的实物外形

图1-12为静压箱的实物外形，内部采用吸音减震处理。

静压箱内部是由吸音减震材料制成的，可起到消除噪声、稳定气流的作用，使送风效果更加理想。

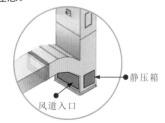

图1-12 静压箱的实物外形

1.2.2 风冷式风循环中央空调的原理

风冷式风循环中央空调采用空气作为热交换介质完成制冷/制热循环。图1-13为风冷式风循环中央空调的制冷原理。

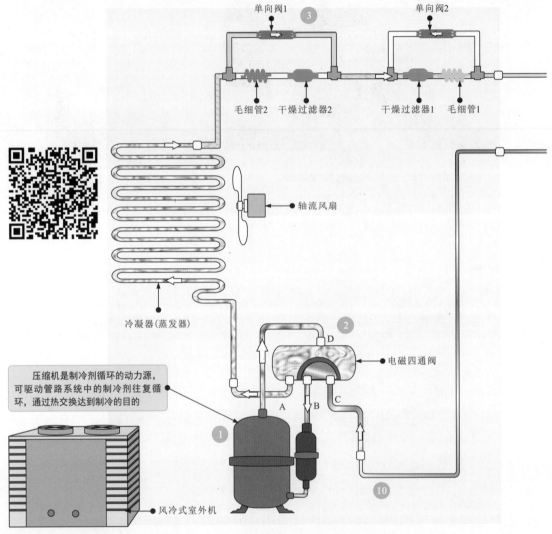

图1-13 风冷式风循环中央空调的制冷原理

图1-13原理分析

① 当风冷式风循环中央空调开始制冷时，制冷剂在压缩机中被压缩，低温低压的制冷剂气体被压缩为高温高压的气体，由压缩机的排气口送入电磁四通阀。

② 由电磁四通阀的D口进入，A口送出，A口直接与冷凝器管路连接，高温高压气态的制冷剂进入冷凝器中，由轴流风扇对冷凝器中的制冷剂散热。

③ 制冷剂经降温后转变为低温高压的液态制冷剂，经单向阀1后，送入干燥过滤器1中滤除水分和杂质，再经毛细管1节流降压，输出低温低压的液态制冷剂。

④ 由毛细管1输出的低温低压液态制冷剂经管路送入室内风管机蒸发器中，为空气降温做好准备。

⑤ 室外风机将室外新鲜空气由新风口送入，与室内回风口送入的空气在新旧风混合风道中混合。

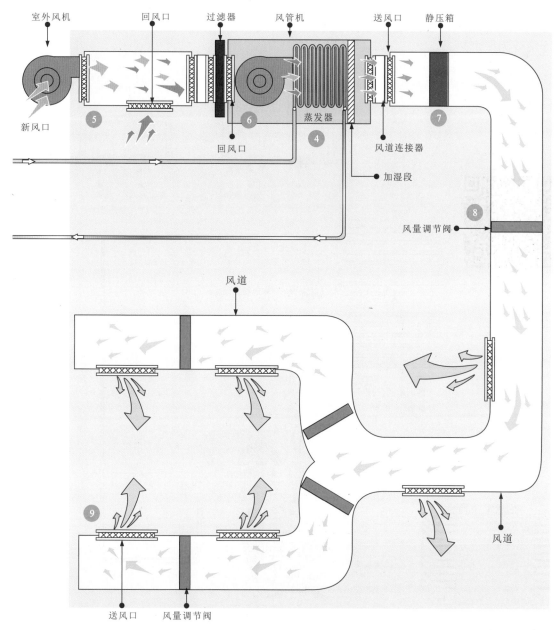

图1-13 风冷式风循环中央空调的制冷原理（续）

图1-13原理分析

⑥ 混合空气经过滤器将杂质滤除后送至风管机的回风口处，由风管机吹动空气，使空气与蒸发器进行热交换处理后变为冷空气，再经风管机中的加湿段进行加湿处理，由送风口送出。

⑦ 由风管机送风口送出的冷空气经风道连接器进入风道，由静压箱对冷空气进行静压处理。

⑧ 经过静压处理后的冷空气在风道中流动，由风道中的风量调节阀调节冷空气的风量。

⑨ 调节后的冷空气经送风口后送入室内，使室内降温。

⑩ 蒸发器中的低温低压液态制冷剂通过与空气热交换后，变为低温低压气态制冷剂，经管路由电磁四通阀的 C 口进入，由 B 口送入压缩机，开始下一次的制冷循环。

图1-14为风冷式风循环中央空调的制热原理。风冷式风循环中央空调的制热原理与制冷原理相似，不同之处是室外机中的压缩机、冷凝器与室内机中的蒸发器由产生冷量变为产生热量。

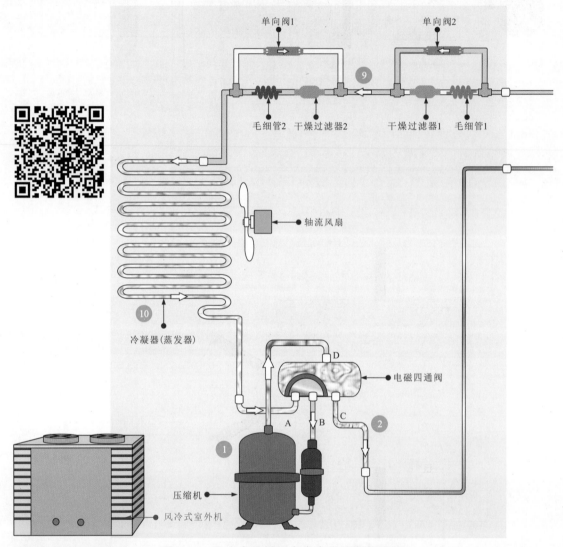

图1-14　风冷式风循环中央空调的制热原理

图1-14原理分析

① 当风冷式风循环中央空调开始制热时，室外机中的电磁四通阀通过控制电路控制，使内部滑块由B、C口移至A、B口。

② 压缩机开始运转，将低温低压的制冷剂气体压缩为高温高压的过热蒸气，由压缩机的排气口送入电磁四通阀的D口，由C口送出，C口与室内机的蒸发器连接。

③ 高温高压的气态制冷剂经室内、外机之间的连接管路送入风管机的蒸发器中准备升温空气。

④ 室内控制电路对室外机进行控制，使室外机开启，送入适量的新鲜空气，进入新旧风混合风道。因为冬季室外的空气温度较低，若送入大量的新鲜空气，则可能导致中央空调的制热效果下降。

⑤ 由室内回风口将室内空气送入，室外送入的新鲜空气与室内送入的空气在新旧风混合风道中混合，再经过滤器将杂质滤除后，送至风管机的回风口。

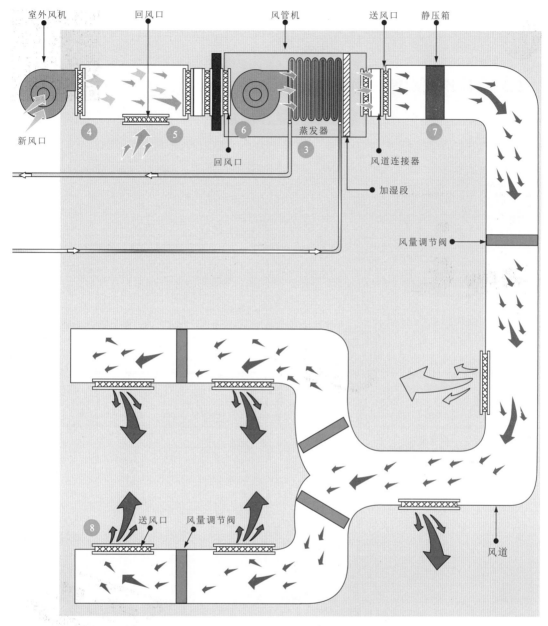

图1-14 风冷式风循环中央空调的制热原理（续）

图1-14原理分析

⑥ 滤除杂质后的空气经回风口送入风管机，由风管机吹动空气，空气与蒸发器进行热交换处理后变为暖空气，再经风管机中的加湿段进行加湿处理，由送风口送出。

⑦ 由风管机送风口送出的暖空气由风道连接器进入风道，经过静压箱静压。

⑧ 经过风量调节阀处理后，暖空气由送风口送入室内，使室内升温。

⑨ 风管机蒸发器中的制冷剂与空气热交换后，转变为低温高压的液体，经单向阀2送入干燥过滤器2滤除水分和杂质，经毛细管2节流降压。

⑩ 由毛细管2输出的低温低压液态制冷剂送入冷凝器中，轴流风扇转动，使冷凝器进行热交换后，制冷剂转变为低温低压的气体经电磁四通阀的A口进入，由B口将其送回压缩机中，进入第二次制热循环。

1.3 风冷式水循环中央空调

1.3.1 风冷式水循环中央空调的结构

　　图1-15为风冷式水循环中央空调系统的结构组成，主要由风冷机组、室内末端设备（风机盘管）、膨胀水箱、冷冻水管路及闸阀组件和压力表等构成。

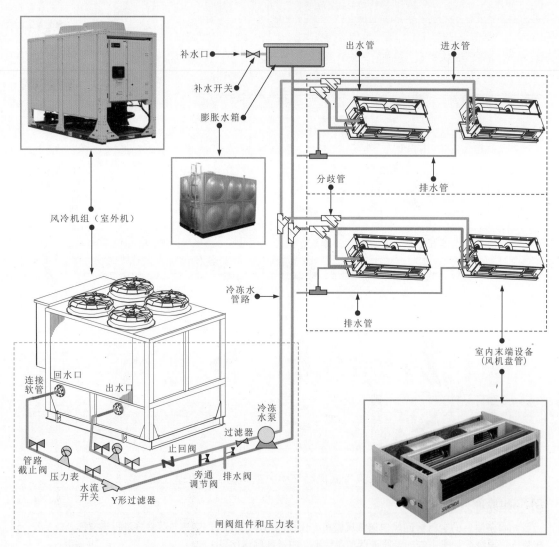

图1-15　风冷式水循环中央空调系统的结构组成

　　风冷式水循环中央空调是指借助空气流动（风）对管路中的制冷剂进行降温或升温处理，并将管路中的水降温（或升温）后，送入室内末端设备（风机盘管）中与室内空气进行热交换，实现对空气的调节。

1 冷冻水泵

图1-16为冷冻水泵的实物外形。

风冷机组
（室外机）

冷冻水管路

图1-16 冷冻水泵的实物外形

2 风冷机组

图1-17为风冷机组的实物外形。

划重点

冷冻水泵连接在风冷机组末端，主要对风冷机组降温的冷冻水加压后送到冷冻水管路中。

冷冻水泵

风冷机组以空气流动（风）作为冷（热）源，以水作为供冷（热）介质。

压缩机   翅片冷凝器

图1-17 风冷机组的实物外形

划重点

风机盘管根据结构的不同可以分为两管制风机盘管和四管制风机盘管，是比较常见的室内末端设备，夏季可以流通冷水，冬季可以流通热水。

两管制风机盘管

四管制风机盘管

3 风机盘管

图1-18为风机盘管的实物外形。风机盘管是风冷式水循环中央空调的室内末端设备，主要利用风扇的作用使空气与风机盘管中的冷水（热水）进行热交换，并将降温或升温后的空气送出。

吊顶暗装风机盘管

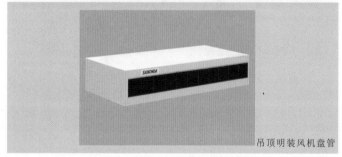

吊顶明装风机盘管

立式风机盘管

卡式风机盘管

图1-18　风机盘管的实物外形

4　闸阀组件和压力表

图1-19为闸阀组件和压力表的实物外形。闸阀组件主要包括 Y 形过滤器、水流开关、止回阀、旁通调节阀及排水阀等。

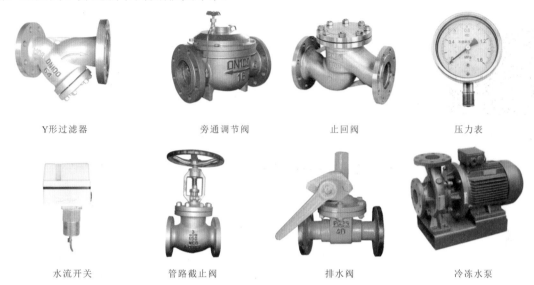

Y形过滤器	旁通调节阀	止回阀	压力表
水流开关	管路截止阀	排水阀	冷冻水泵

图1-19　闸阀组件和压力表的实物外形

5　膨胀水箱

图1-20为膨胀水箱的实物外形。膨胀水箱是风冷式水循环中央空调中非常重要的部件之一，主要用于平衡水循环管路中的水量和压力。

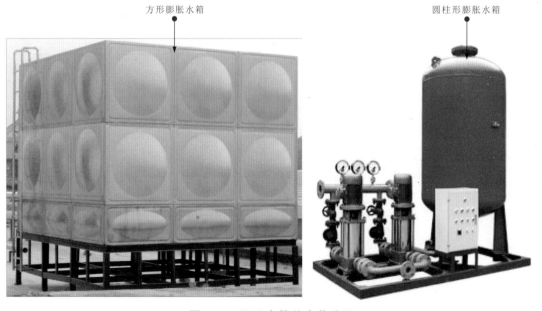

图1-20　膨胀水箱的实物外形

1.3.2 风冷式水循环中央空调的原理

风冷式水循环中央空调采用冷凝风机（散热风扇）对冷凝器冷却，并由冷却水作为热交换介质完成制冷/制热循环。图1-21为风冷式水循环中央空调的制冷原理。

2 高温高压的气态制冷剂经制冷管路送入翅片式冷凝器中，由冷凝风机（散热风扇）吹动空气，对翅片式冷凝器中的空气降温，制冷剂由气态变成低温高压液态

3 低温高压的液态制冷剂由翅片式冷凝器流出进入制冷管路，电磁阀关闭，截止阀打开，制冷剂经制冷管路中的储液罐、截止阀、干燥过滤器后形成低温低压的液态制冷剂

1 风冷式水循环中央空调制冷时，由压缩机压缩制冷剂，将制冷剂压缩为高温高压的制冷剂气体，由电磁四通阀的A口进入，经D口送出

4 低温低压的液态制冷剂进入壳管式蒸发器中，与水进行热交换，由壳管式蒸发器送出低温低压的气态制冷剂，再经制冷管路进入电磁四通阀的B口，由C口送出，进入气液分离器后送回压缩机，由压缩机再次对制冷剂进行制冷循环

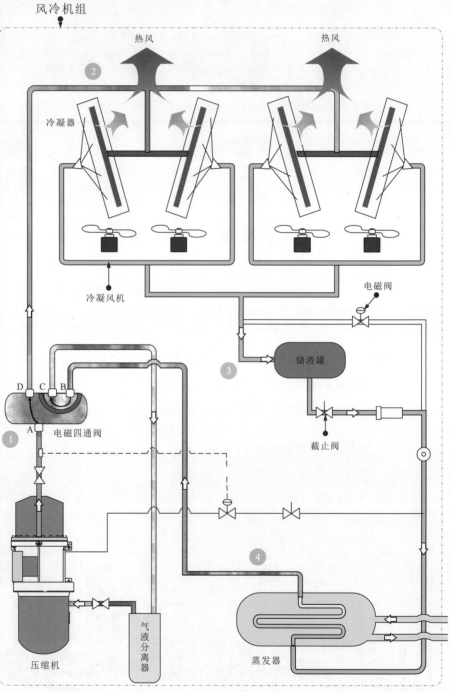

图1-21 风冷式水循环中央空调的制冷原理

5 壳管式蒸发器中循环的水管路与制冷剂管路进行热交换后，经降温后的水由壳管式蒸发器的出水口送出，进入送水管路中经管路截止阀、压力表、水流开关、止回阀、过滤器及分歧管后，分别送入各个室内风机盘管中

6 由风机盘管与空气进行热交换实现室内降温。水经风管机进行热交换后，经过分歧管循环进入回水管路，经压力表、冷冻水泵、Y形过滤器、单向阀及管路截止阀后，经壳管式蒸发器的入水口送回壳管式蒸发器，再次进行热交换循环

7 送水管路连接膨胀水箱，可防止管路中的水由于热胀冷缩使管路破损，在膨胀水箱上设有补水口，当循环系统中的水量减少时，可以通过补水口补水

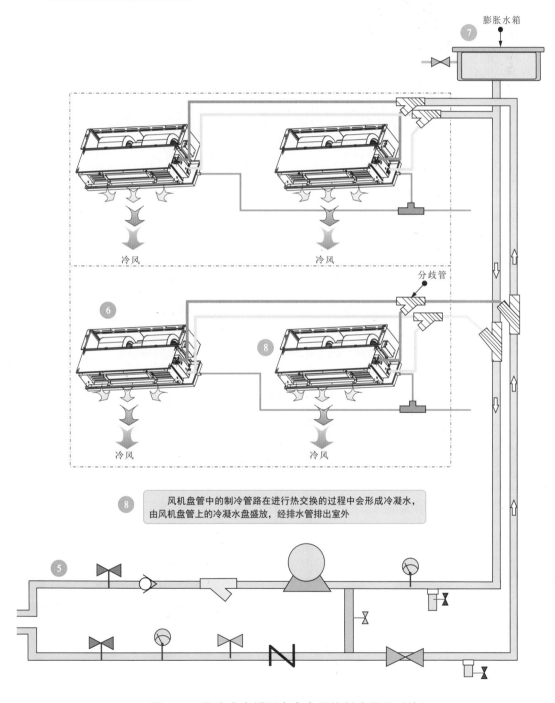

8 风机盘管中的制冷管路在进行热交换的过程中会形成冷凝水，由风机盘管上的冷凝水盘盛放，经排水管排出室外

图1-21 风冷式水循环中央空调的制冷原理（续）

图1-22为风冷式水循环中央空调的制热原理。风冷式水循环中央空调的制热原理与制冷原理相似，不同之处是制冷循环转变为制热循环。

3 高温高压的制冷剂气体经壳管式蒸发器进行热交换后转变为低温高压的液态制冷剂进入制热管路中，此时制热管路中的电磁阀开启、截止阀关闭，制冷剂经电磁阀后转变为低温低压的液态制冷剂，经管路进入翅片式冷凝器中

2 高温高压的制冷剂气体进入制热管路后，送入壳管式蒸发器中，与水进行热交换，使水温升高

1 风冷式水循环中央空调制热工作时，制冷剂在压缩机中被压缩，将原来低温低压的制冷剂气体压缩为高温高压的气体，电磁四通阀在控制电路的控制下，将内部阀块由C、B口移动至C、D口，此时高温高压的制冷剂气体由压缩机送入电磁四通阀的A口，经B口进入制热管路

4 制冷剂经翅片式冷凝器后转变为低温低压的气态制冷剂，经电磁四通阀D口进入，经C口送入气液分离器后送入压缩机，由压缩机再次对制冷剂进行制热循环

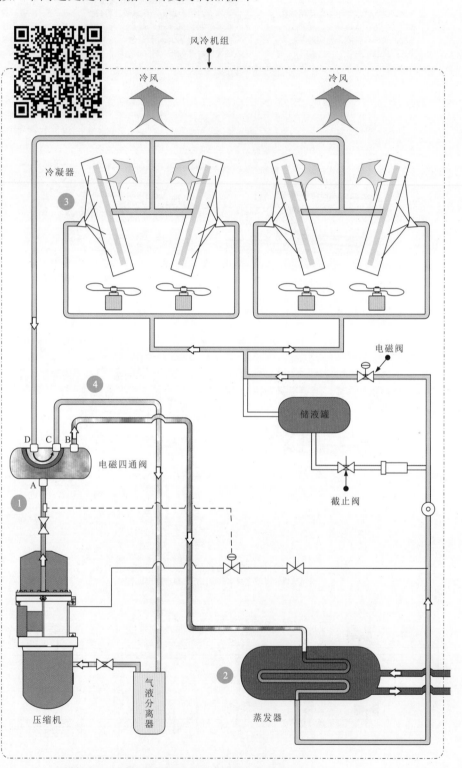

图1-22 风冷式水循环中央空调的制热原理

⑤ 壳管式蒸发器中的循环水与制冷剂管路进行热交换后，水温升高后由壳管式蒸发器的出水口送出，送入送水管路，经管路截止阀、压力表、水流开关、止回阀、过滤器及管路上的分歧管后，分别送入各个室内风机盘管中

⑥ 由风机盘管与空气进行热交换升温，水经风机盘管进行热交换后，经过分歧管进入回水管路，经压力表、冷冻水泵、Y形过滤器、单向阀及管路截止阀回到壳管式蒸发器，再次与制冷剂进行热交换循环

⑦ 送水管路连接膨胀水箱，由于管路中的水温升高可能会发生热胀的效果，所以此时涨出的水进入膨胀水箱中，可防止管路压力过大而破损，在膨胀水箱上设有补水口，当水循环系统中的水量减少时，可以通过补水口补水

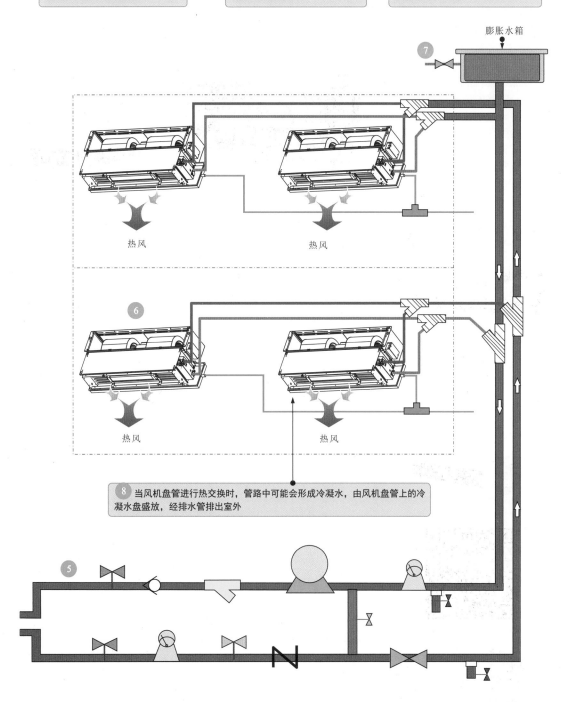

⑧ 当风机盘管进行热交换时，管路中可能会形成冷凝水，由风机盘管上的冷凝水盘盛放，经排水管排出室外

图1-22 风冷式水循环中央空调的制热原理（续）

1.4 水冷式中央空调

1.4.1 水冷式中央空调的结构

图1-23为水冷式中央空调系统的结构。

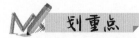

水冷式中央空调通过冷却水塔、冷却水泵将水降温，使水冷机组中冷凝器内的制冷剂降温，降温后的制冷剂流向蒸发器，经蒸发器对循环的水降温，降温后的水送至室内末端设备（风机盘管）与空气进行热交换，实现对空气的调节。

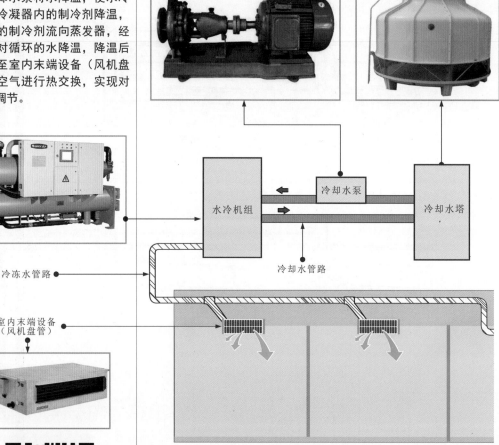

水冷机组

冷却水泵

冷却水塔

冷冻水管路

冷却水管路

室内末端设备（风机盘管）

图1-23 水冷式中央空调系统的结构

多说两句！

水冷式中央空调系统主要通过对水的降温处理，通过室内末端设备进行的热交换达到调节室内空气的目的。若需要制热时，则需要在降温系统中添加锅炉等制热设备，使水升温，水冷机组冷凝器中的制冷剂升温，经压缩机运转循环送入蒸发器中，将管路中的水升温，形成热循环，再由室内末端设备进行热交换达到升温的目的。

图1-24为水冷式中央空调系统的结构组成，主要由水冷机组、冷却水塔、风机盘管、膨胀水箱、冷冻水管路、冷却水泵、水流开关、过滤器及压力表等构成。

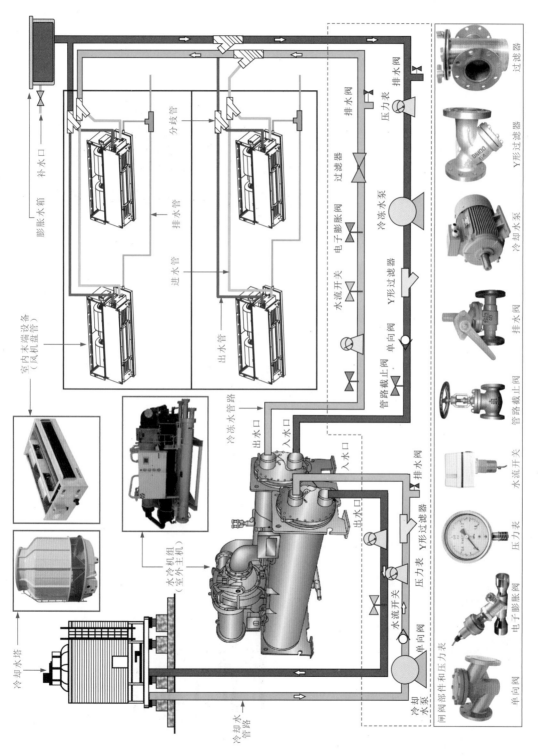

图1-24 水冷式中央空调系统的结构组成

1 冷却水塔

图1-25为冷却水塔的实物外形。

冷却水塔是集空气动力学、热力学、流体力学、化学、生物化学、材料学、静/动态结构力学及加工技术等多种学科为一体的综合产物，是一种利用水与空气的热交换对水进行冷却，并将冷却的水经连接管路送入水冷机组中的设备。

图1-25 冷却水塔的实物外形

图1-26为逆流式冷却水塔和横流式冷却水塔。逆流式冷却水塔和横流式冷却水塔的主要区别是水和空气的流动方向不同。

逆流式冷却水塔中的水自上而下进入淋水填料，空气为自下而上吸入，两者流向相反，具有配水系统不易堵塞、淋水填料可以保持清洁不易老化、湿气回流小、防冻冰措施设置便捷、安装简便、噪声小等特点。

（a）逆流式冷却水塔

图1-26 逆流式冷却水塔和横流式冷却水塔

（b）横流式冷却水塔

图1-26 逆流式冷却水塔和横流式冷却水塔（续）

横流式冷却水塔中的水自上而下进入淋水填料，空气自塔外水平流向塔内，两者流向呈垂直正交，一般需要较多填料散热，填料易老化、布水孔易堵塞、防冻冰性能不良等特点，节能效果好、水压低、风阻小、无滴水噪声和风动噪声。

2 水冷机组

图1-27为水冷机组的实物外形。

图1-27 水冷机组的实物外形

1.4.2 水冷式中央空调的原理

水冷式中央空调多用于制冷，若需要制热，则需要在循环系统中加装制热设备，对管路中的水进行制热处理。下面主要对水冷式中央空调的制冷原理进行介绍。

图1-28为水冷式中央空调的工作原理示意图。水冷式中央空调采用压缩机、壳管式蒸发器和壳管式冷凝器制冷。壳管式蒸发器、壳管式冷凝器、压缩机均安装在水冷机组中。壳管式冷凝器采用冷却水循环冷却的方式。

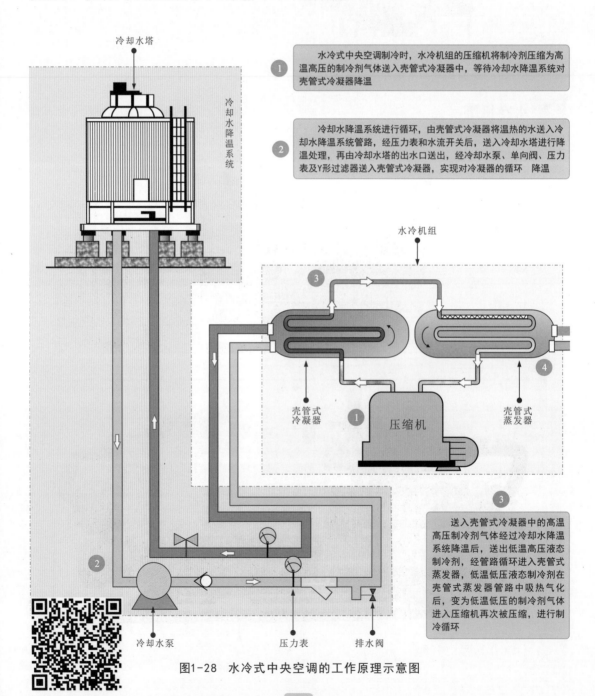

① 水冷式中央空调制冷时，水冷机组的压缩机将制冷剂压缩为高温高压的制冷剂气体送入壳管式冷凝器中，等待冷却水降温系统对壳管式冷凝器降温

② 冷却水降温系统进行循环，由壳管式冷凝器将温热的水送入冷却水降温系统管路，经压力表和水流开关后，送入冷却水塔进行降温处理，再由冷却水塔的出水口送出，经冷却水泵、单向阀、压力表及Y形过滤器送入壳管式冷凝器，实现对冷凝器的循环降温

③ 送入壳管式冷凝器中的高温高压制冷剂气体经过冷却水降温系统降温后，送出低温高压液态制冷剂，经管路循环进入壳管式蒸发器，低温低压液态制冷剂在壳管式蒸发器管路中吸热气化后，变为低温低压的制冷剂气体进入压缩机再次被压缩，进行制冷循环

图1-28 水冷式中央空调的工作原理示意图

4 壳管式蒸发器中的制冷剂管路与壳管中的冷冻水进行热交换，将冷冻水由壳管式蒸发器的出水口送入送水管路中，经管路截止阀、压力表、水流开关、电子膨胀阀及过滤器在冷冻水管路中循环

5 冷冻水经送水管路送入风机盘管，在风机盘管中循环，与空气热交换实现降温。热交换后的冷冻水循环至回水管路中，经压力表、冷冻水泵、Y形过滤器、单向阀及管路截止阀后，经入水口送回壳管式蒸发器中再次降温，进行循环

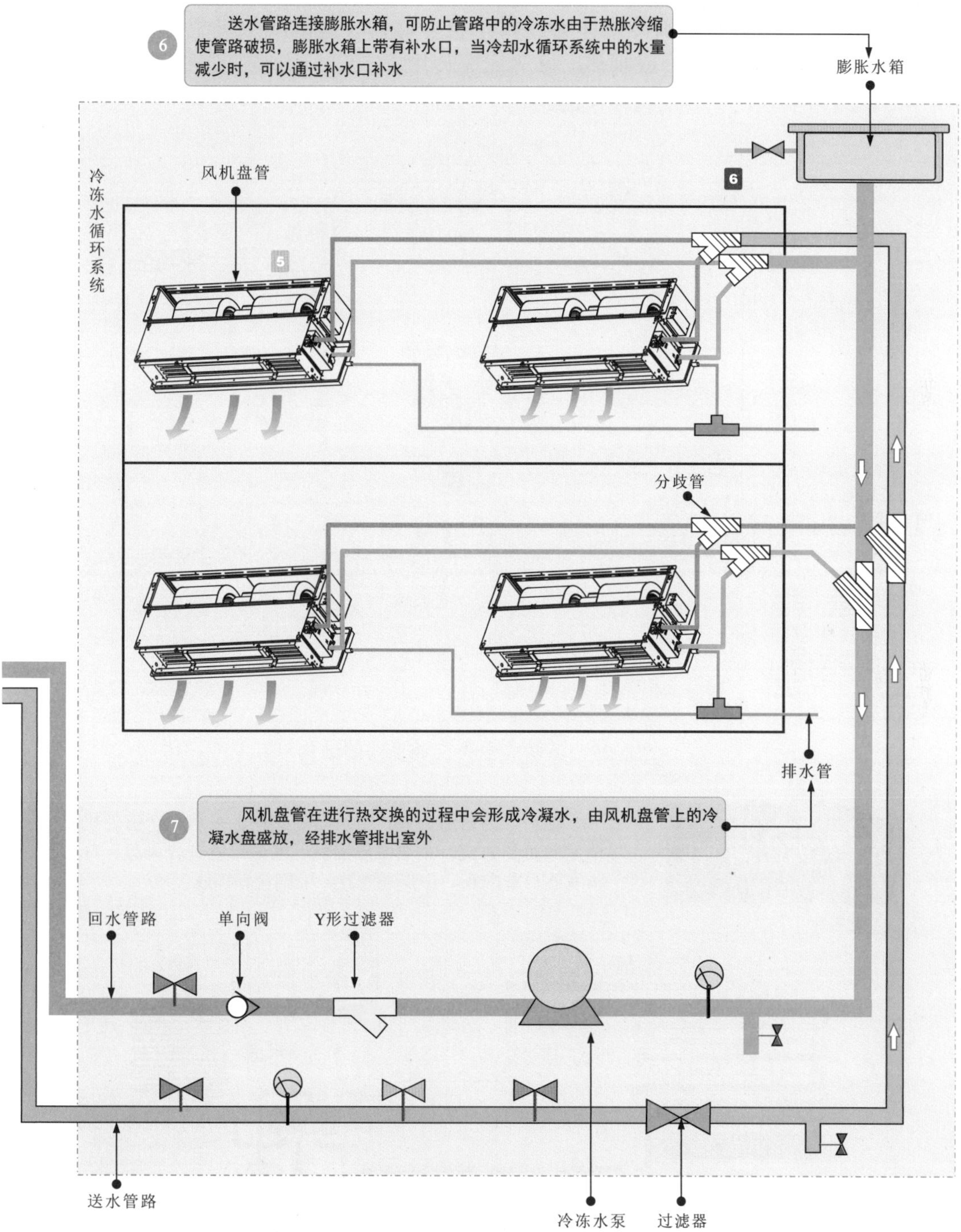

6 送水管路连接膨胀水箱，可防止管路中的冷冻水由于热胀冷缩使管路破损，膨胀水箱上带有补水口，当冷却水循环系统中的水量减少时，可以通过补水口补水
膨胀水箱
冷冻水循环系统
风机盘管
分歧管
排水管
7 风机盘管在进行热交换的过程中会形成冷凝水，由风机盘管上的冷凝水盘盛放，经排水管排出室外
回水管路
单向阀
Y形过滤器
送水管路
冷冻水泵
过滤器

图1-28 水冷式中央空调的工作原理示意图（续）

多联式中央空调

1.5.1 多联式中央空调的结构

多联式中央空调采用制冷剂作为冷媒（也可称为一拖多式中央空调），通过一个室外机拖动多个室内机制冷或制热，多为家庭使用。

图1-29为多联式中央空调系统的结构。

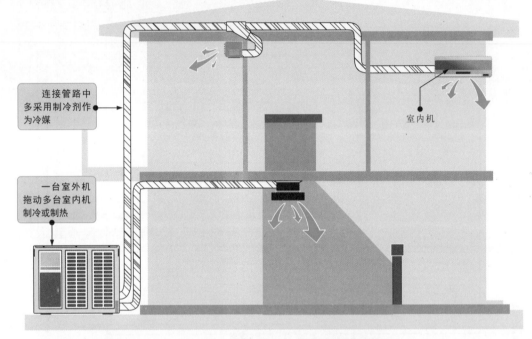

连接管路中多采用制冷剂作为冷媒

一台室外机拖动多台室内机制冷或制热

室内机

图1-29　多联式中央空调系统的结构

图1-30为普通分体式空调器的结构，采用一个室外机连接一个室内机的方式，主要由压缩机、电磁四通阀、风扇、冷凝器、蒸发器、单向阀、干燥过滤器、毛细管等构成。

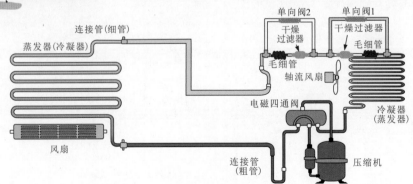

连接管(细管)

蒸发器(冷凝器)

单向阀2　　单向阀1

干燥过滤器　　干燥过滤器

毛细管　　毛细管

轴流风扇

电磁四通阀

冷凝器(蒸发器)

风扇

连接管(粗管)

压缩机

图1-30　普通分体式空调器的结构

多联式中央空调主要由室内机和室外机两部分构成。室内机中的管路和控制电路系统相对独立。室外机中的多个压缩机连接在一个管路循环系统中，由主电路和变频电路控制。

图1-31为多联式中央空调系统的结构组成。

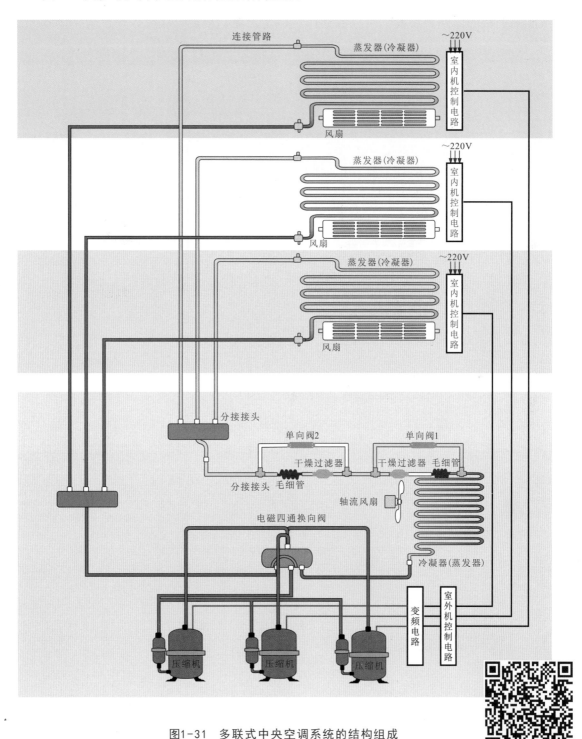

图1-31 多联式中央空调系统的结构组成

1 室外机

图1-32为室外机的外部结构。室外机主要用于控制压缩机为制冷剂提供循环动力，通过制冷管路与室内机配合，将室内的热量或冷量转移到室外，达到对室内制冷或制热的目的。从外部看，可以看到排风口、上盖、前盖、底座、截止阀、接线护盖等部分。

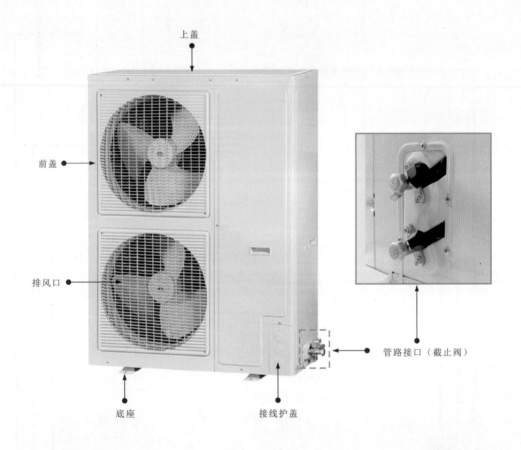

上盖

前盖

排风口

底座

接线护盖

管路接口（截止阀）

图1-32　室外机的外部结构

多说两句！

多联式中央空调的室外机可容纳多个压缩机。每个压缩机都是一个单独的循环系统。压缩机的个数决定连接独立制冷管路的套数。

图1-33为室外机的内部结构，主要有冷凝器、轴流风扇组件、压缩机、电磁四通阀、毛细管及控制电路等部分。

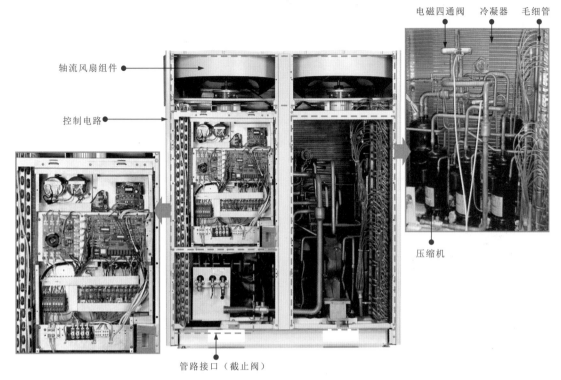

电磁四通阀　冷凝器　毛细管

轴流风扇组件

控制电路

压缩机

管路接口（截止阀）

图1-33　室外机的内部结构

多说两句！

多联式中央空调中的每个压缩机都有一个独立的循环系统，如图1-34所示。

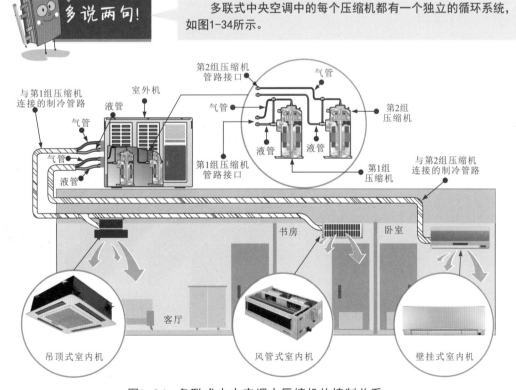

第2组压缩机管路接口

气管

室外机

液管

第2组压缩机

与第1组压缩机连接的制冷管路

气管

气管

气管

液管

液管

液管

第1组压缩机管路接口

第1组压缩机

与第2组压缩机连接的制冷管路

书房

卧室

客厅

吊顶式室内机

风管式室内机

壁挂式室内机

图1-34　多联式中央空调中压缩机的控制关系

2 风管式室内机

风管式室内机一般在房屋装修时嵌在相应的墙壁上。图1-35为风管式室内机的外部结构。

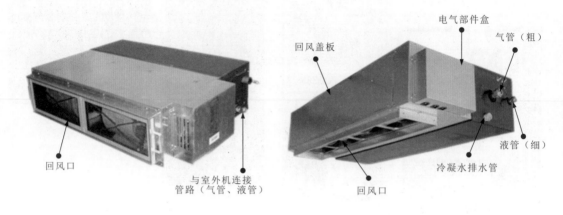

图1-35 风管式室内机的外部结构

图1-36为风管式室内机的内部结构。

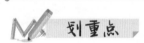

风管式室内机的内部主要由滤尘网、出风口挡板、贯流风扇、贯流风扇电动机、蒸发器、电辅热组件（加热器）、出水管、控制电路及接线端子等构成。

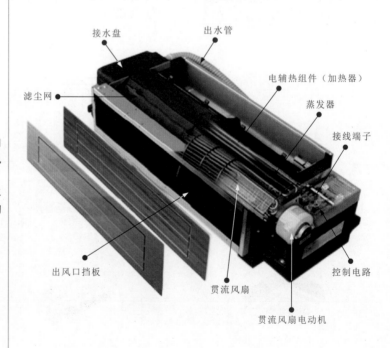

图1-36 风管式室内机的内部结构

3 吊顶式室内机

图1-37为吊顶式室内机的结构组成。

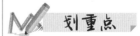

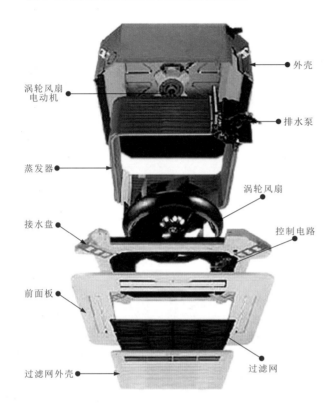

涡轮风扇电动机

外壳

排水泵

蒸发器

涡轮风扇

接水盘

控制电路

前面板

过滤网外壳

过滤网

图1-37 吊顶式室内机的结构组成

吊顶式室内机内部主要由涡轮风扇电动机、涡轮风扇、蒸发器、接水盘、控制电路、排水泵、前面板、过滤网、过滤网外壳等构成。

4 壁挂式室内机

图1-38为壁挂式室内机的外部结构。

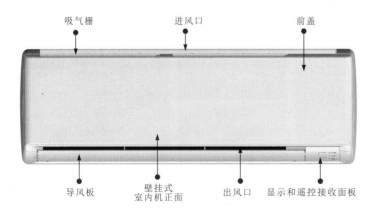

吸气栅

进风口

前盖

导风板

壁挂式室内机正面

出风口

显示和遥控接收面板

图1-38 壁挂式室内机的外部结构

壁挂式室内机可以根据用户的需要挂在房间的墙壁上，在正面可以看到进风口、前盖、吸气栅（空气过滤部分）、显示和遥控接收面板、导风板、出风口等部分。

　　图1-39为壁挂式室内机的内部结构，可以看到位于吸气栅下方的空气过滤网，将上盖拆下后，可以看到室内机的各个组成部件，如蒸发器、导风板组件、贯流风扇组件、控制电路板、遥控接收电路板、温度传感器等。

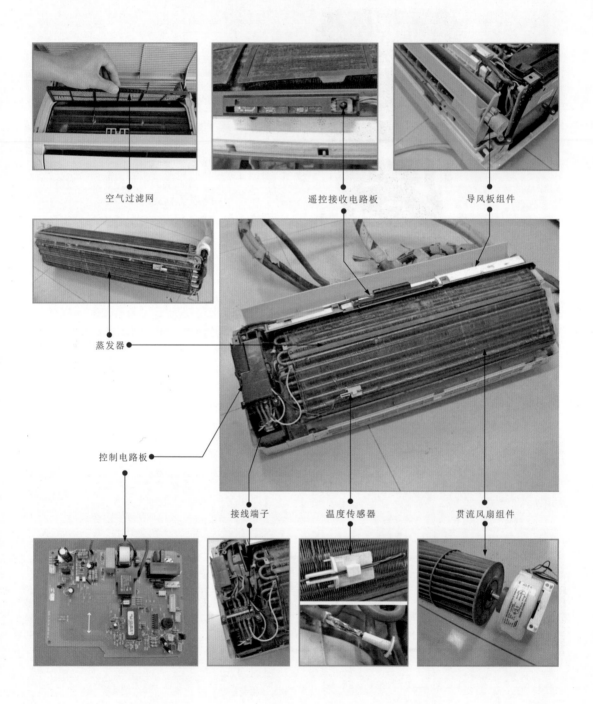

空气过滤网　　　　　　　　遥控接收电路板　　　　　　　导风板组件

蒸发器

控制电路板

接线端子　　　　温度传感器　　　　贯流风扇组件

图1-39　壁挂式室内机的内部结构

5 柜式室内机

图1-40为柜式室内机的结构。

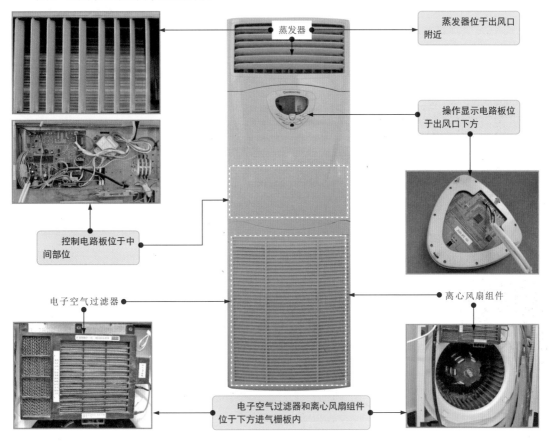

图1-40 柜式室内机的结构

如图1-41所示，多联式中央空调的室内机种类多样。其中，风管式室内机的风道与装饰结合，完全隐蔽，不占空间，安装便利，适用范围较广；吊顶式室内机通常安装在屋顶，安装隐蔽，不占空间，有极佳的制冷（制热）效果，对房间的层高要求较高；壁挂式和柜式室内机更多应用在小居室家庭，具备很好的控制功能和制冷效果，对层高没有要求。

风管式室内机　　吊顶式室内机　　壁挂式室内机　　柜式室内机

图 1-41 多联式中央空调室内机的种类

1.5.2 多联式中央空调的原理

　　多联式中央空调通过制冷管路相互连接构成一拖多的形式。室外机工作可带动多个室内机完成制冷/制热循环，最终实现对多个房间（或区域）的温度调节。图1-42为多联式中央空调的制冷原理。

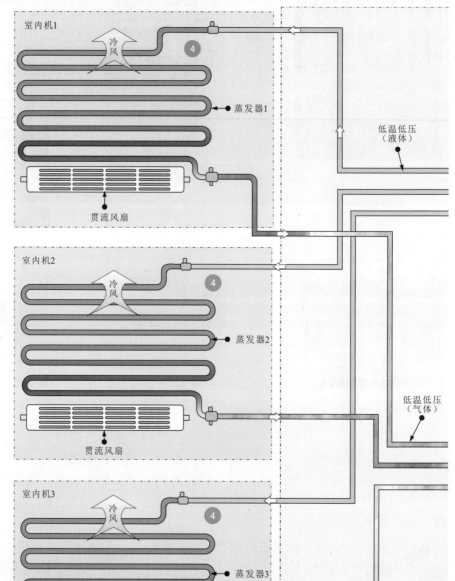

4 低温低压的液态制冷剂分别送入3台室内机的蒸发器管路中吸热气化，将蒸发器外表面及周围的空气冷却，冷风由贯流风扇的出风口吹出

5 当蒸发器中的低温低压液态制冷剂经过热交换工作后变为低温低压的气态制冷剂，经制冷管路流向室外机，经分接接头2后汇入室外机管路中，通过电磁四通阀B口进入，C口送出，再经压缩机吸气孔返回压缩机中再次压缩，如此周而复始，完成制冷循环

图1-42　多联式中央空调的制冷原理

③ 低温高压液态制冷剂经冷凝器送出，经单向阀1后，由干燥过滤器1滤除制冷剂中多余的水分，再经毛细管节流降压变为低温低压的制冷剂液体，经分接接头1分别送入室内机管路

② 高温高压的制冷剂气体进入冷凝器中，由轴流风扇对冷凝器降温，冷凝器管路中的制冷剂降温后，送出低温高压液态制冷剂

① 制冷剂在每台压缩机中被压缩，将原本低温低压的制冷剂气体压缩成高温高压的制冷剂气体后，由压缩机的排气口排出，通过电磁四通阀的A口进入。在制冷工作状态下，电磁四通阀的阀块在B口至C口处，高温高压的制冷剂气体经电磁四通阀的D口送出，送入冷凝器

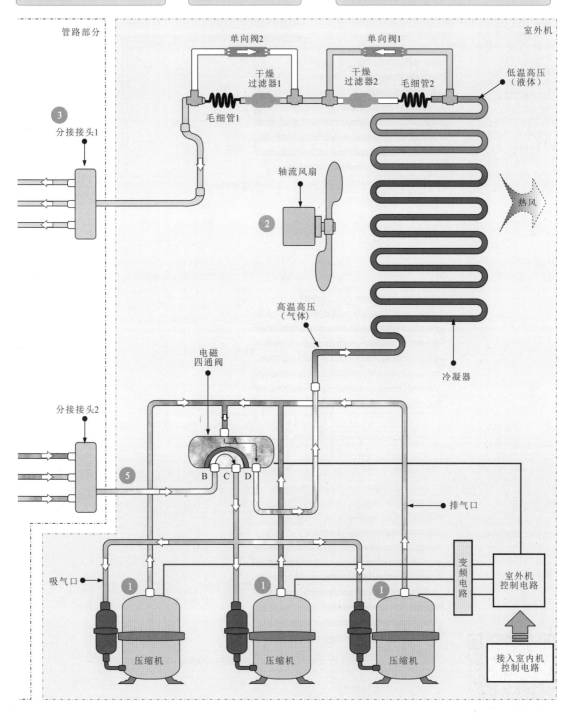

图1-42 多联式中央空调的制冷原理（续）

图1-43为多联式中央空调的制热原理。多联式中央空调的制热原理与制冷原理基本相同，不同之处是通过电路系统控制电磁四通阀的阀块换向改变制冷剂的流向，实现制冷到制热功能的转换。

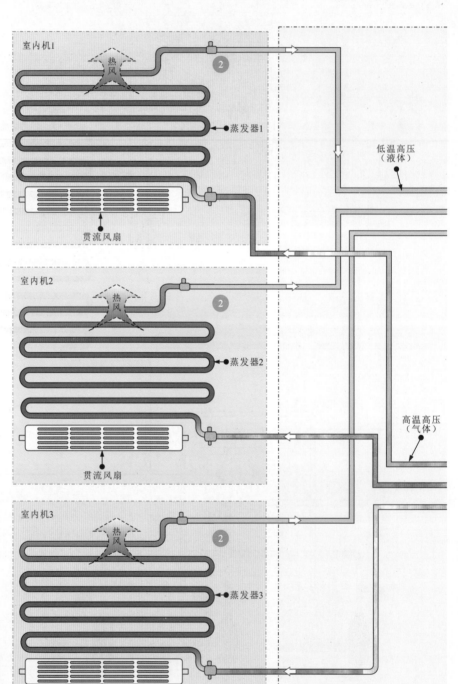

2 高温高压气态制冷剂进入室内机蒸发器后，通过蒸发器散热，散出的热量由贯流风扇从出风口吹入室内，热交换后的制冷剂转变为低温高压的液体，通过分接接头1汇合，送入室外机管路

5 由冷凝器送出的低温低压气态制冷剂经电磁四通阀的D口流入，由C口送出，经压缩机吸气口返回压缩机，进入下一次制热循环，实现制热功能

图1-43 多联式中央空调的制热原理

④ 经节流降压后，低温低压的液态制冷剂从外界吸收大量的热量完成气化，由轴流风扇将被吸收热量的冷气从室外机吹出

③ 低温高压液态的制冷剂进入室外机管路后，经单向阀2、干燥过滤器2及毛细管2节流降压后送入冷凝器中

① 制冷剂经压缩机处理后变为高温高压的制冷剂气体由压缩机的排气口排出。当设定多联式中央空调为制热模式时，电磁四通阀由电路控制内部的阀块由B口、C口移向C口、D口。此时，高温高压气态制冷剂经电磁四通阀的A口送入，由B口送出，经分接接头2送入各室内机的蒸发器中

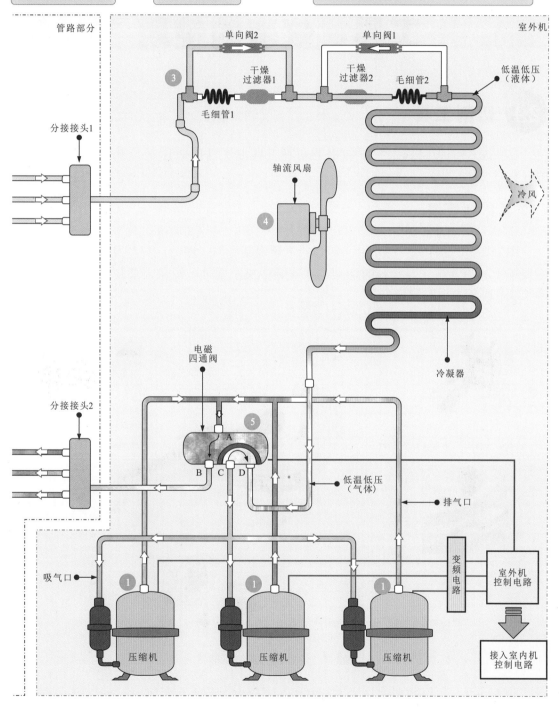

图1-43 多联式中央空调的制热原理（续）

工具、仪表的使用

切割工具

在中央空调管路施工中，常用的切割工具主要包括切管器、钢管切割刀、管子剪、管路切割机等。

2.1.1 切管器

图2-1为切管器的实物外形。切管器主要由刮管刀、滚轮、刀片及进刀旋钮组成，主要用于制冷管路（铜管）的切割，在安装中央空调时，经常需要使用切管器切割不同长度和不同直径的铜管。

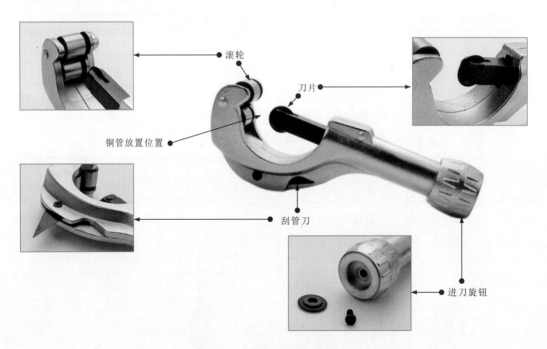

图2-1　切管器的实物外形

中央空调制冷管路的管径不同，可选择不同规格的切管器切割。图2-2为不同规格切管器的实物外形。

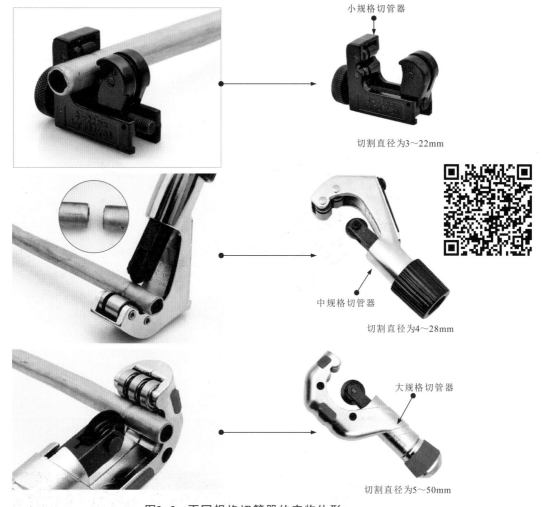

小规格切管器

切割直径为3～22mm

中规格切管器

切割直径为4～28mm

大规格切管器

切割直径为5～50mm

图2-2 不同规格切管器的实物外形

2.1.2 钢管切割刀

钢管切割刀是指专门用于切割钢管的切割设备。其切割方法及原理与切管器相同，不同的是钢管切割刀的规格较大，如图2-3所示。

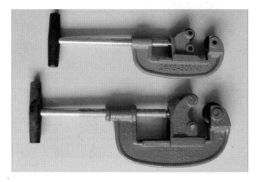

图2-3 钢管切割刀的实物外形

2.1.3 管子剪

管子剪是指用来裁剪管路的工具，一般用于塑料管路的切割。图2-4为管子剪的实物外形。

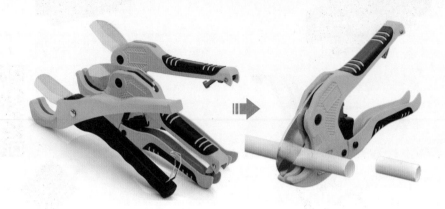

图2-4　管子剪的实物外形

2.1.4 管路切割机

管路切割机是指专门用于切割管路的设备，如图2-5所示。在中央空调系统的施工操作中，常用的管路切割机主要有砂轮管路切割机、手动管路切割机、台式砂轮管路切割机、数控管路切割机及手提式管路切割机等。

砂轮管路切割机

手动管路切割机

图2-5　管路切割机的实物外形

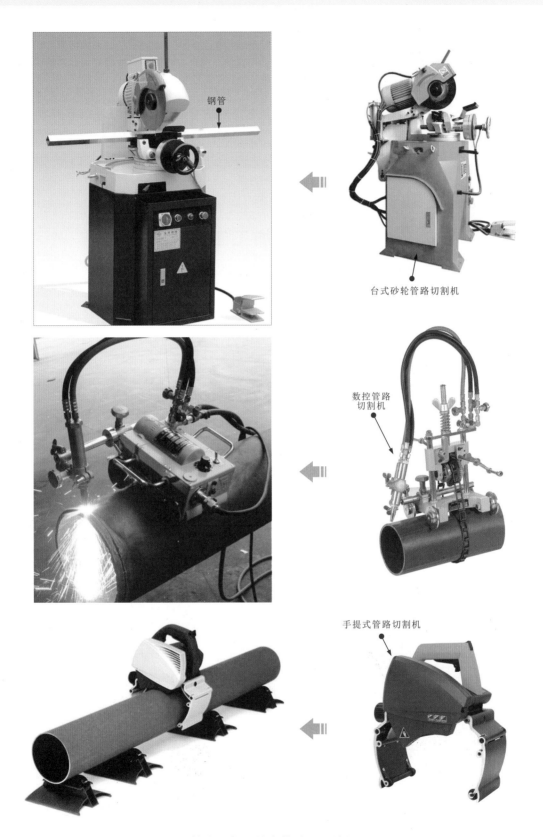

钢管

台式砂轮管路切割机

数控管路
切割机

手提式管路切割机

图2-5 管路切割机的实物外形（续）

砂轮管路切割机主要用于切割管径较细的钢管，切割断面较为粗糙，使用方便、灵活，可细分为便携式手动砂轮管路切割机和台式手动砂轮管路切割机。

数控管路切割机可以对切割模式、切割形状等进行精确控制，会根据设定的程序自动完成切割作业，确保切割面精确、平整。许多数控管路切割机还带有坡口处理功能，可省去坡口处理的工序，非常方便。

手提式管路切割机是一种新型的管路切割设备，具有切割精度高、切割方便、速度快等优点。

2.2 加工工具

2.2.1 倒角器

图2-6为倒角器的实物外形。倒角器主要由倒内角刀片、倒外角刀片等组成。

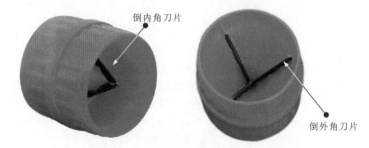

图2-6　倒角器的实物外形

图2-7为倒角器使用后的效果。

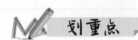

倒角器是铜管切割后的修整处理工具，可避免管口有毛刺。

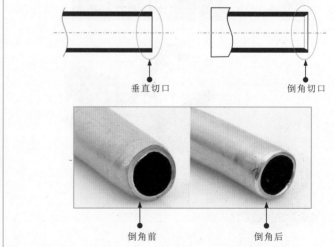

图2-7　倒角器使用后的效果

2.2.2 锉刀和刮刀

除了可使用倒角器修整管口，还可借助锉刀和刮刀修整管口，如图2-8所示。

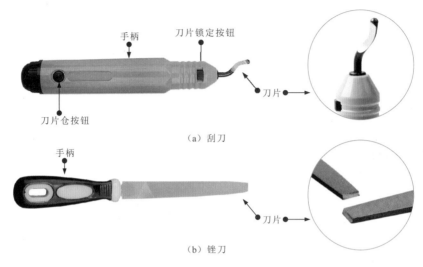

（a）刮刀

（b）锉刀

图2-8 刮刀和锉刀的实物外形

2.2.3 坡口机

坡口机是可对管口进行坡口处理的设备，如图2-9所示。

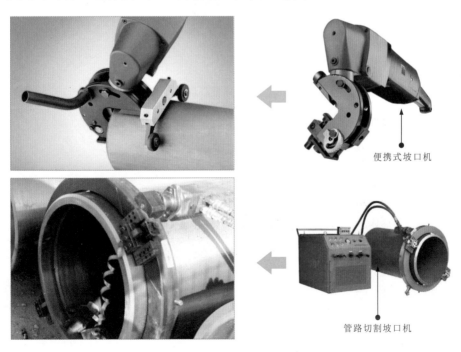

便携式坡口机

管路切割坡口机

图2-9 坡口机的实物外形

为了确保管路焊接的质量及接头能够焊透而不出现工艺缺陷，在焊接之前要对待焊管路进行坡口处理。常见的坡口机主要有便携式坡口机和管路切割坡口机。便携式坡口机使用灵活，能实现不同规格的坡口处理。管路切割坡口机兼具管路切割和坡口处理双重功能，将切割管路和坡口处理一步完成，非常方便、快捷。

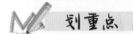

2.2.4 扩管器

扩管器主要用于对铜管进行扩口操作，如图2-10所示。扩管器主要由顶压器和夹板组成。

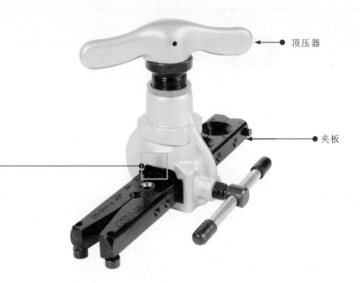

偏心顶压支头，专用于扩喇叭口，使扩口更加平滑

用于夹持和固定不同管径的铜管

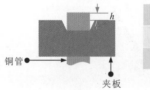

制冷剂类型	铜管伸出夹板尺寸h
R410a	1.0～1.5mm
R22	0.5～1.0mm

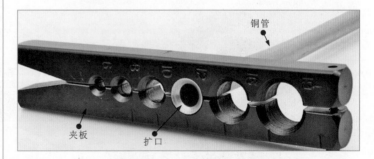

图2-10　扩管器的结构

扩管器有两种，如图2-11所示：一种是R410a制冷剂铜管专用扩管器；另一种是传统扩管器。

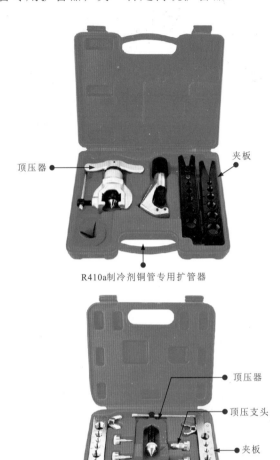

R410a制冷剂铜管专用扩管器

顶压器
夹板

顶压器
顶压支头
夹板

传统扩管器

图2-11　扩管器的种类

2.2.5　胀管器

图2-12为胀管器的实物外形。

胀杆

图2-12　胀管器的实物外形

划重点

若使用传统扩管器扩口，则R410a 制冷剂铜管应比 R22制冷剂铜管伸出夹板长度长 0.5mm。

目前，制冷剂管路所用的切管器、倒角器、扩管器通常集中放置在专用的工具箱中，方便使用和收纳管理。

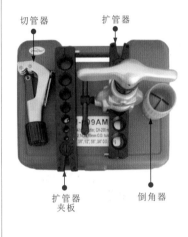

切管器　扩管器
扩管器夹板　倒角器

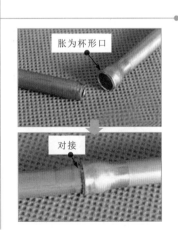

胀为杯形口

对接

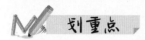

不同规格和形状的胀头

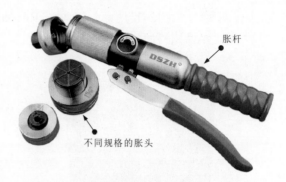

胀杆

不同规格的胀头

图2-12　胀管器的实物外形（续）

2.2.6　弯管器

弯管器根据使用特点可分为手动弯管器和电动弯管器，如图2-13所示。

弯管器主要用于弯曲铜管。在安装和连接中央空调制冷剂管路，需要弯曲铜管时，必须借助专用的弯管器弯曲，切不可徒手掰折。

不同管径的铜管可选用不同规格的弯管器，一般大管径铜管多采用电动弯管器弯曲，小管径铜管可采用手动弯管器弯曲。

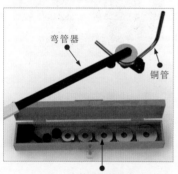

弯管器导槽配件

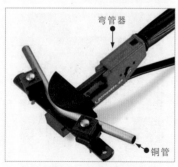

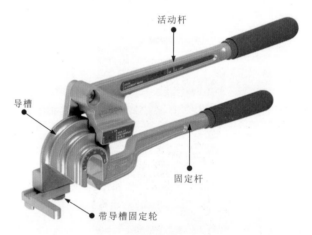

活动杆

导槽

固定杆

带导槽固定轮

（a）手动弯管器

铜管

导槽

（b）电动弯管器

图2-13　弯管器的实物外形

2.2.7 套丝机

套丝机又称绞丝机，一般由板牙头、进刀手轮、机体等组成。常见的套丝机主要有便携式和台式两种，如图2-14所示。

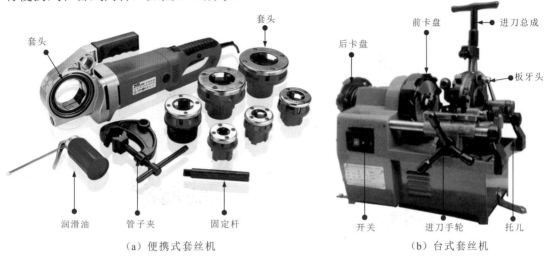

（a）便携式套丝机　　　　　　　（b）台式套丝机

图2-14　套丝机的实物外形

套丝机主要用来加工管材，为管材外壁或内壁加工对应的螺纹，方便多条管路连接。以较常见的便携式套丝机为例，其操作方法如图2-15所示。

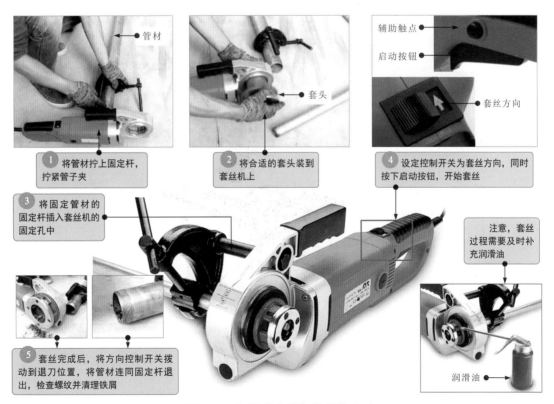

① 将管材拧上固定杆，拧紧管子夹

② 将合适的套头装到套丝机上

④ 设定控制开关为套丝方向，同时按下启动按钮，开始套丝

③ 将固定管材的固定杆插入套丝机的固定孔中

⑤ 套丝完成后，将方向控制开关拨动到退刀位置，将管材连同固定杆退出，检查螺纹并清理铁屑

注意，套丝过程需要及时补充润滑油

图2-15　便携式套丝机的操作方法

2.2.8 合缝机和咬口机

在中央空调管路系统施工操作中，合缝机是风管施工时的重要设备，主要对风道进行合缝处理。图2-16为合缝机的实物外形。

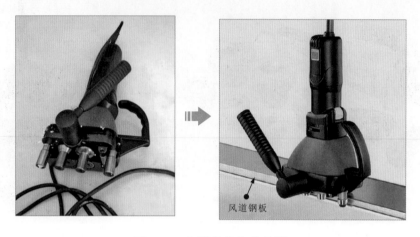

风道钢板

图2-16　合缝机的实物外形

在中央空调管路系统施工操作中，对风道施工中的咬口操作十分关键，通常由咬口机来完成。咬口机主要分为专项功能咬口机和多功能咬口机：专项功能咬口机往往只能对应一种咬口形式；多功能咬口机可以完成多种形式的咬口操作。图2-17为多功能咬口机的实物外形及功能。

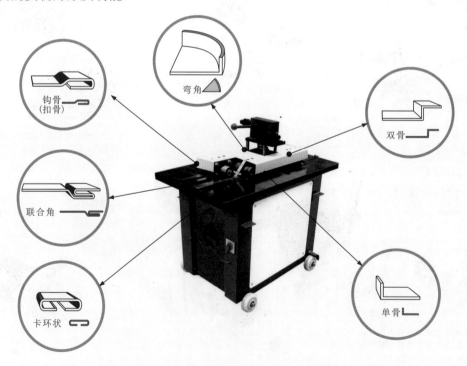

钩骨
（扣骨）

弯角

双骨

联合角

卡环状

单骨

图2-17　多功能咬口机的实物外形及功能

2.3 钻孔工具

2.3.1 冲击电钻

冲击电钻是一种用于钻孔的钻凿工具。图2-18为冲击电钻的实物外形。

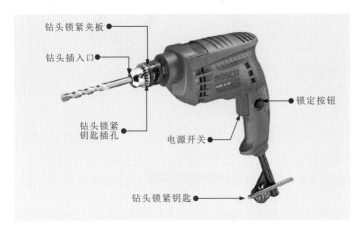

钻头锁紧夹板

钻头插入口

锁定按钮

钻头锁紧
钥匙插孔

电源开关

钻头锁紧钥匙

图2-18　冲击电钻的实物外形

冲击电钻多用于胀管的钻孔操作，在安装固定螺钉、吊装杆等装置时应用较多，如图2-19所示。

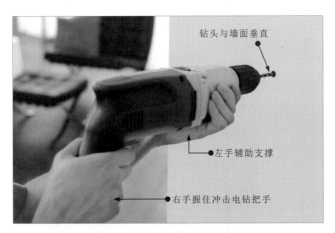

钻头与墙面垂直

左手辅助支撑

右手握住冲击电钻把手

图2-19　冲击电钻的使用

使用冲击电钻时，应根据需要开孔的大小选择合适的钻头，安装钻头时，要确保钻头插入钻头插入口，并用钻头锁紧钥匙将钻头锁紧夹板拧紧，使钻头牢牢固定后，用右手握住冲击电钻的把手，用左手托住冲击电钻的前部，使钻头与墙面保持垂直，按动电源开关，把持住冲击电钻，用力将冲击电钻向墙体推进。

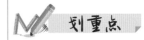

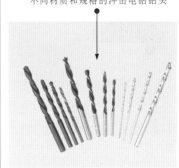

不同材质和规格的冲击电钻钻头

冲击电钻

多说两句！

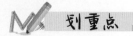

2.3.2 墙壁钻孔机

墙壁钻孔机是指专门用于墙壁钻孔的设备，根据钻头不同有多种规格。在安装中央空调系统的施工中，室内机与室外机之间的联机管路需穿过墙壁钻孔。

图2-20为墙壁钻孔机的实物外形。

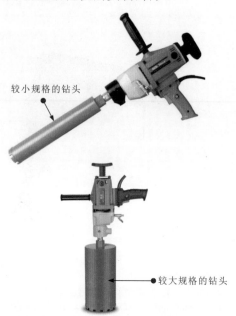

较小规格的钻头

较大规格的钻头

图2-20 墙壁钻孔机的实物外形

2.3.3 台钻

在中央空调系统施工中，台钻也是不可缺少的钻凿工具，如图2-21所示。

墙壁钻孔机

钻好的孔

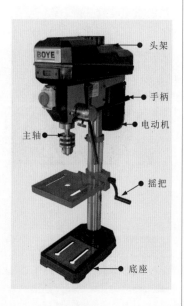

头架

手柄

电动机

主轴

摇把

底座

图2-21 台钻的实物外形

2.4 焊接设备

2.4.1 电焊设备

电焊设备主要用于水循环管路（钢管等）的焊接，是中央空调管路安装连接时的主要焊接设备，如图2-22所示。

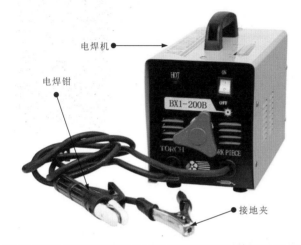

图2-22 电焊设备的实物外形及其操作

1 电焊钳

图2-23为电焊钳的实物外形。

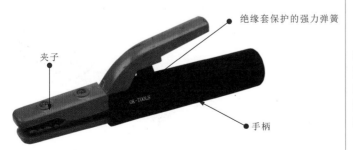

图2-23 电焊钳的实物外形

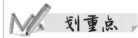

2 电焊机

电焊机根据输出电压的不同，可分为直流电焊机和交流电焊机，如图2-24所示。

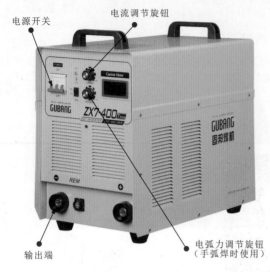

（a）直流电焊机　　　　　　　　　　（b）交流电焊机

图2-24　电焊机的实物外形

直流电焊机的电源输出端有正、负极之分，焊接时，电弧两端极性不变。交流电焊机的电源是一种特殊的降压变压器，具有结构简单、噪声小、价格便宜、使用可靠、维护方便等优点。

电焊条头部为引弧端，尾部有一段无涂层的裸焊芯，便于电焊钳夹持，并利于导电。焊芯可作为填充金属实现对焊缝的填充连接。药皮具有助焊、保护、改善焊接工艺的作用。

3 电焊条

电焊条主要是由焊芯和药皮两部分构成的，如图2-25所示。

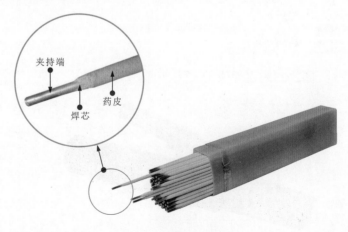

图2-25　电焊条的结构

选用电焊条时，需要根据焊件的厚度选择适合粗细的电焊条。表2-1为焊件厚度与电焊条直径匹配表。

多说两句！

表2-1　焊件厚度与电焊条直径匹配表

焊件厚度（mm）	2	3	4～5	6～12	>12
电焊条直径（mm）	2	3.2	3.2～4	4～5	5～6

2.4.2 电焊设备使用操作

1 电焊设备连接

图2-26为电焊设备的连接。

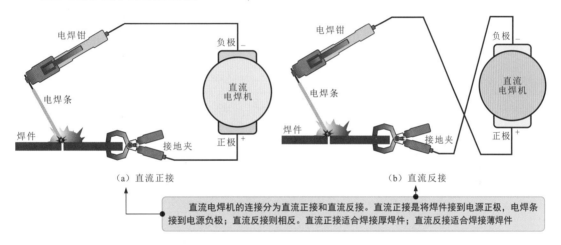

（a）直流正接　　　　　　　（b）直流反接

直流电焊机的连接分为直流正接和直流反接。直流正接是将焊件接到电源正极，电焊条接到电源负极；直流反接则相反。直流正接适合焊接厚焊件；直流反接适合焊接薄焊件

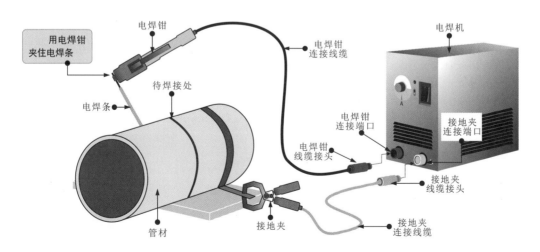

（c）电焊机、电焊钳、连接电缆的连接关系

图2-26　电焊设备的连接

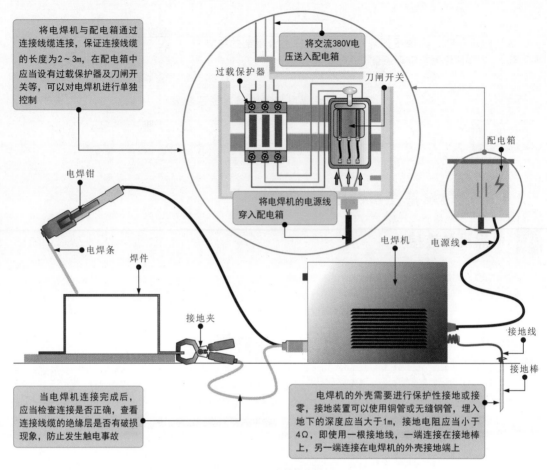

将电焊机与配电箱通过连接线缆连接，保证连接线缆的长度为2～3m，在配电箱中应当设有过载保护器及刀闸开关等，可以对电焊机进行单独控制

将交流380V电压送入配电箱

过载保护器

刀闸开关

将电焊机的电源线穿入配电箱

配电箱

电焊钳

电焊条

焊件

电焊机

电源线

接地夹

接地线

接地棒

当电焊机连接完成后，应当检查连接是否正确，查看连接线缆的绝缘层是否有破损现象，防止发生触电事故

电焊机的外壳需要进行保护性接地或接零，接地装置可以使用铜管或无缝钢管，埋入地下的深度应当大于1m，接地电阻应当小于4Ω，即使用一根接地线，一端连接在接地棒上，另一端连接在电焊机的外壳接地端上

（d）与配电箱的连接

图2-26　电焊设备的接线（续）

2 电焊引弧方法

图2-27为电焊引弧方法。电焊有两种引弧方法，即划擦法和敲击法。

划重点

划擦法是将电焊条靠近焊件后，将电焊条像划火柴似的在焊件表面轻轻划擦，引燃电弧后，迅速将电焊条提起2～4mm，使其稳定燃烧。

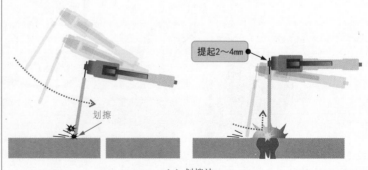

提起2～4mm

划擦

（a）划擦法

图2-27　电焊引弧方法

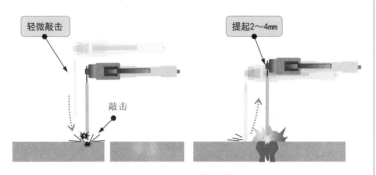

（b）敲击法

图2-27 电焊引弧方法（续）

3 电焊运条操作

图2-28为电焊运条操作的方法。

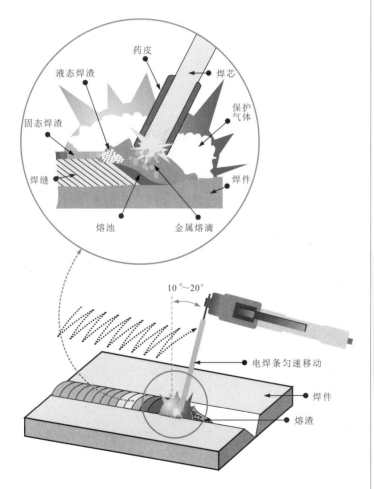

图2-28 电焊运条操作的方法

敲击法是将电焊条末端对准焊件，手腕下弯，使电焊条轻微敲击焊件后，迅速将电焊条提起2～4mm，引燃电弧，手腕放平，使电弧保持稳定。敲击法不受焊件表面大小、形状的限制，是主要采用的引弧方法。

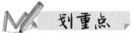

由于焊接起点处的温度较低，引弧后，可先将电弧稍微拉长，将起点处预热后，再适当缩短电弧正式焊接。

在焊接时，需要匀速推动电焊条，使焊件的焊接部位与电焊条充分熔化、混合，形成牢固的焊缝。

电焊条的移动可分为三种基本形式：沿电焊条中心线向熔池移动、沿焊接方向移动、横向摆动。移动电焊条时，应向前进方向倾斜10°～20°，并根据焊缝大小横向摆动电焊条。

注意，在更换电焊条时，必须佩戴防护手套。

在焊接较厚的焊件时，为了获得较宽的焊缝，电焊条应沿焊缝横向进行有规律的摆动。根据焊接要求的不同，运条的方式也有所区别，如图2-29所示。

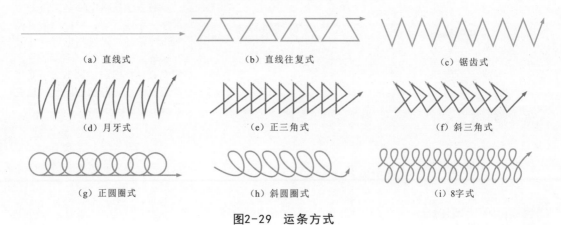

（a）直线式　　　　　　　（b）直线往复式　　　　　　　（c）锯齿式

（d）月牙式　　　　　　　（e）正三角式　　　　　　　（f）斜三角式

（g）正圆圈式　　　　　　（h）斜圆圈式　　　　　　　（i）8字式

图2-29　运条方式

4 灭弧（收弧）操作

一条焊缝焊接结束时，需要执行灭弧（收弧）操作，通常有画圈法、反复断弧法和回焊法，如图2-30所示。焊接操作完成后，应先断开电焊机电源，再放置焊接工具，然后清理焊件及焊接现场。在消除可能引发火灾的隐患后，再断开总电源，离开焊接现场。

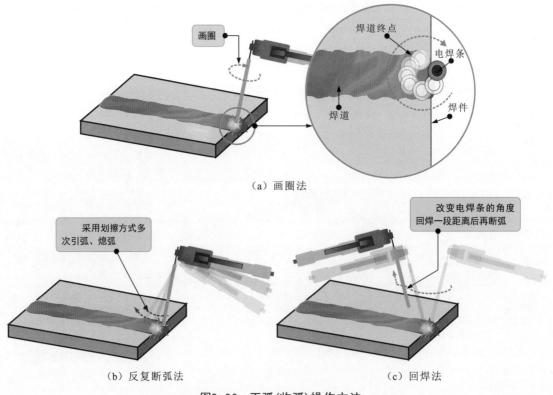

画圈

焊道终点

电焊条

焊道

焊件

（a）画圈法

采用划擦方式多次引弧、熄弧

改变电焊条的角度回焊一段距离后再断弧

（b）反复断弧法　　　　　　　　　　（c）回焊法

图2-30　灭弧（收弧）操作方法

2.5 气焊设备

2.5.1 气焊设备的特点

气焊设备是焊接中央空调制冷管路的专用设备，利用可燃气体与助燃气体混合燃烧生成的火焰作为热源，将金属管路焊接在一起。

图2-31为气焊设备的组成，主要包括氧气瓶、燃气瓶、焊枪和连接软管等。

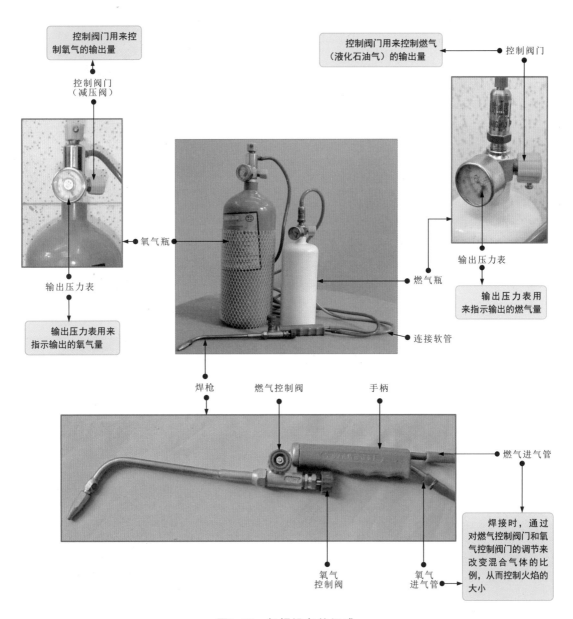

图2-31 气焊设备的组成

2.5.2 气焊设备的使用

气焊设备的使用有严格的规范和操作顺序，一般可分为点火、焊接和关火三个阶段。

1 点火

图2-32为气焊设备的点火操作。

① 打开氧气瓶控制阀门，调节输出压力为0.3~0.5MPa。

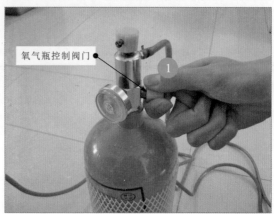
氧气瓶控制阀门

② 打开燃气瓶控制阀门，调节输出压力为0.03~0.05MPa。

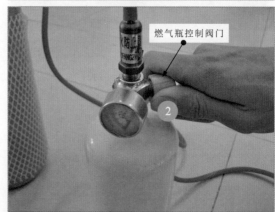
燃气瓶控制阀门

③ 打开燃气控制阀。

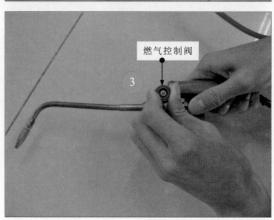
燃气控制阀

图2-32 气焊设备的点火操作

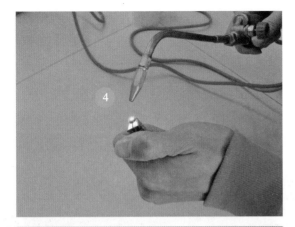

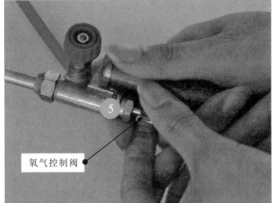

氧气控制阀

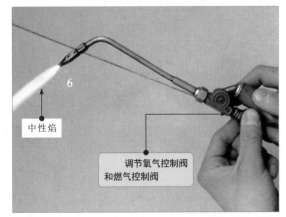

中性焰

调节氧气控制阀
和燃气控制阀

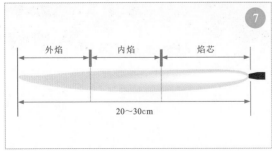

外焰   内焰   焰芯

20～30cm

图2-32 气焊设备的点火操作（续）

划重点

④ 使用明火点燃焊枪嘴喷出的燃气。

⑤ 打开氧气控制阀。

⑥ 将火焰调至中性焰。

⑦ 中性焰焰长为20～30cm，外焰呈橘红色，内焰呈蓝紫色，焰芯呈白亮色，内焰温度最高，焊接时，应用内焰焊接管路。

2 焊接

图2-33为气焊设备的焊接操作（以分歧管焊接为例）。

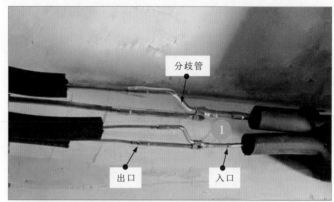

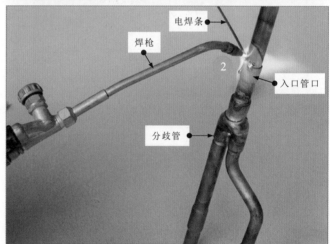

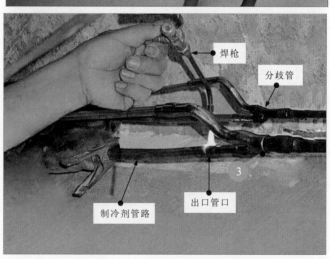

图2-33 气焊设备的焊接操作

划重点

① 将规格匹配的分歧管的入口管口、出口管口分别与制冷剂管路管口插接好。

② 将分歧管的入口管口与制冷剂管路焊接。

注意：将焊接点均匀加热，加热到呈暗红色。

③ 将分歧管的出口管口与制冷剂管路焊接。

电焊条熔化，均匀包围在焊接处

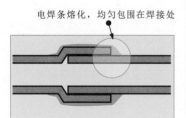

3 关火

图2-34为气焊设备的关火操作。

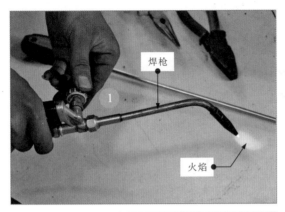

焊枪

①

火焰

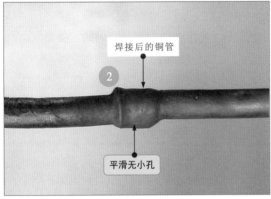

焊接后的铜管

②

平滑无小孔

图2-34 气焊设备的关火操作

2.5.3 热熔焊接设备

1 热熔焊机

图2-35为热熔焊机的实物外形。

图2-35 热熔焊机的实物外形

① 关闭氧气控制阀，关闭燃气控制阀，依次关闭燃气瓶和氧气瓶的控制阀门。

② 焊接完毕，检查焊接部位是否牢固、平滑，有无明显焊接不良的问题。

热熔焊接设备是中央空调系统施工中连接各种塑料管路时常用的焊接设备。目前，常用的热熔焊接设备包括热熔焊机和手持热熔焊接器。

热熔焊机是一种通过电加热方式实现塑料管材热熔连接的设备。

使用热熔焊机焊接管路时，一般需要将待熔塑料管的管口切割为垂直切口，除去毛刺，清洁熔接部位后，将两根塑料管固定在热熔焊机中，根据管径进行相应时间的加热并熔接。

图2-36为热熔焊机的应用。

图2-36　热熔焊机的应用

表2-2为热熔焊机焊接管路时的相关要求。

表2-2　热熔焊机焊接管路时的相关要求

管路外径（mm）	热熔深度（mm）	加热时间（s）	冷却时间（s）
20	14	5	3
25	16	7	3
32	20	8	4
40	21	12	4
50	22.5	18	5
63	24	24	6
75	26	30	8
90	32	40	8
110	38.5	50	10

使用热熔焊机焊接管路时，不同管径的加热时间、热熔深度不同。

2　手持热熔焊接器

图2-37为手持热熔焊接器的实物外形。

① 手持热熔焊接器是一种便携式的热熔焊机。

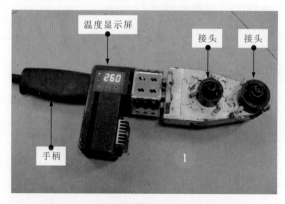

图2-37　手持热熔焊接器的实物外形

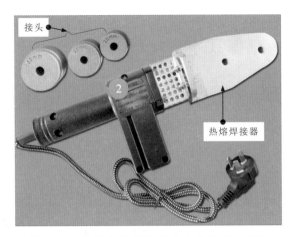

接头
2
热熔焊接器

图2-37 手持热熔焊接器的实物外形（续）

手持热熔焊接器主要用于实现两根塑料管的连接，通常用于冷凝水管路或水循环管路的连接。

图2-38为手持热熔焊接器的实际应用。

塑料管
1

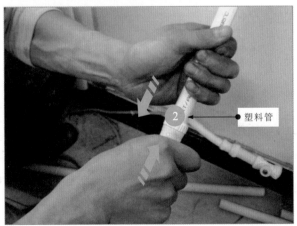

塑料管
2

图2-38 手持热熔焊接器的实际应用

划重点

② 手持热熔焊接器有各种大小不同的接头，可以根据不同管径选择合适的接头。

① 将两根需要热熔连接塑料管的管口分别套在热熔焊接器的2个接头上。

② 热熔后，迅速将两个管口对插，保持一段时间，待冷却后，热熔焊接即完成。

2.6 测量工具、仪表

2.6.1 水平尺、角尺和卷尺

1 水平尺

图2-39为水平尺的实物外形和应用。

在中央空调系统的施工操作现场，水平尺主要用来测量水平度和垂直度，是安装设备时用来测量水平度和垂直度的专用工具，也称水平检测仪。

水平尺的精确度高，造价低，携带方便。有些水平尺上还带有标尺，可以短距离测量。

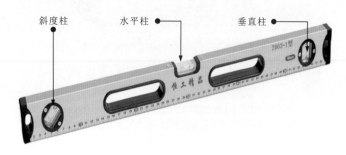

（a）带有标尺的水平尺

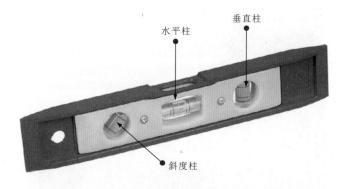

（b）无标尺的水平尺

气泡偏移，不是水平状态

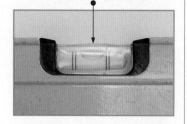
气泡居中，是水平状态

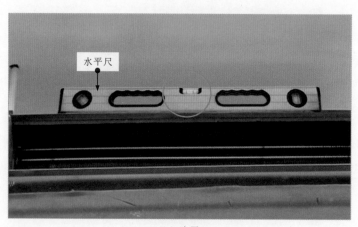

（c）应用

图2-39 水平尺的实物外形和应用

2 角尺

图2-40为角尺的应用。

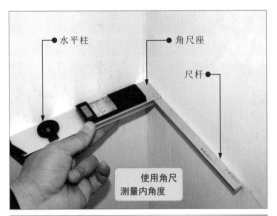

水平柱　　角尺座

尺杆

使用角尺
测量内角度

角尺座　　水平柱

使用角尺
测量外角度

尺杆

图2-40　角尺的应用

3 卷尺

图2-41为卷尺的功能特点及应用。

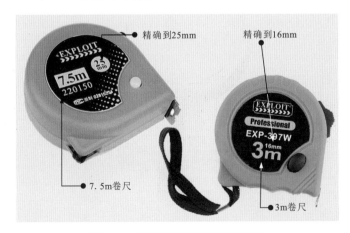

精确到25mm　　精确到16mm

EXPLOIT

7.5m
220150

EXPLOIT
Professional
EXP-397W
3m

7.5m卷尺　　3m卷尺

图2-41　卷尺的功能特点及应用

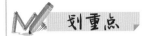
划重点

角尺也是中央空调系统施工时常用的一种具有圆周度数的测量工具，主要由角尺座和尺杆组成。角尺座的主要功能是定位。

在中央空调系统施工中，卷尺是必不可少的测量工具，主要用来测量管路、线路、设备等之间的高度和距离。卷尺通常以长度和精确值来区分。

使用卷尺测量风机盘管的宽度，以此为依据确定安装位置

使用卷尺画线定位室内终端设备的吊装位置

图2-41 卷尺的功能特点及应用（续）

2.6.2 三通压力表

图2-42为三通压力表的实物外形。

目前，常用的卷尺一般都设有固定按钮和复位按钮，测量时可以方便地自由伸缩并固定刻度尺伸出的长度。

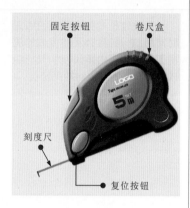

固定按钮　　卷尺盒

刻度尺

复位按钮

三通压力表主要用于中央空调管路系统安装完成后的气密性检查，主要由压力表头、控制阀门、接口A及接口B组成。

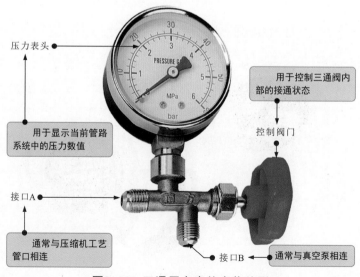

压力表头

用于显示当前管路系统中的压力数值

用于控制三通阀内部的接通状态

控制阀门

接口A

通常与压缩机工艺管口相连

接口B

通常与真空泵相连

图2-42 三通压力表的实物外形

图2-43为三通压力表阀的控制状态。

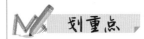

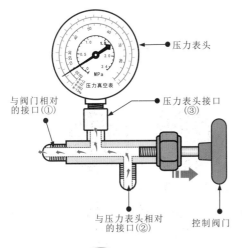

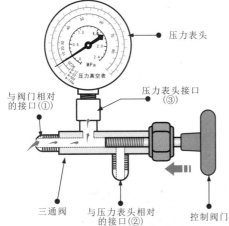

图2-43　三通压力表阀的控制状态

图2-44为三通压力表在中央空调气密性实验中的检测应用。

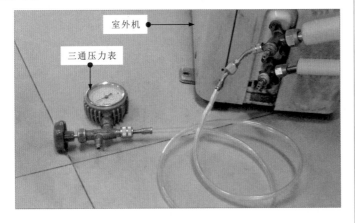

图2-44　三通压力表在中央空调气密性实验中的检测应用

在实际使用中，应该在控制阀门关闭的状态下，仍可测试管路中的压力，因此将受控制阀门控制的接口②连接氮气瓶、真空泵或制冷剂瓶等，不受控制阀门控制的接口（接口①）连接压缩机工艺管口。

中央空调大多采用新型环保R410a制冷剂，管路压力较大。

因此，所选三通压力表的量程应至少大于8MPa。

2.6.3 双头压力表

双头压力表也称五通压力表，主要用于中央空调管路系统的抽真空、充注制冷剂及检修、检查管路等。

图2-45为双头压力表的实物外形。

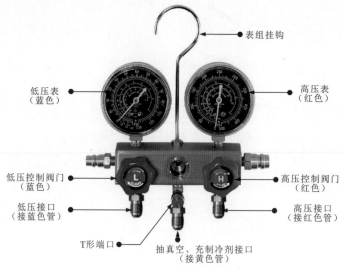

低压表（蓝色）
表组挂钩
高压表（红色）
低压控制阀门（蓝色）
高压控制阀门（红色）
低压接口（接蓝色管）
高压接口（接红色管）
T形端口
抽真空、充制冷剂接口（接黄色管）

图2-45　双头压力表的实物外形

图2-46为R410a制冷剂和R22制冷剂管路所用双头压力表。

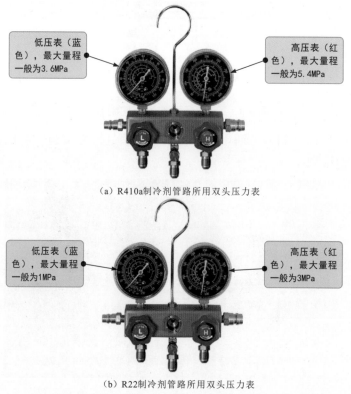

低压表（蓝色），最大量程一般为3.6MPa
高压表（红色），最大量程一般为5.4MPa

（a）R410a制冷剂管路所用双头压力表

低压表（蓝色），最大量程一般为1MPa
高压表（红色），最大量程一般为3MPa

（b）R22制冷剂管路所用双头压力表

图2-46　R410a制冷剂和R22制冷剂管路所用双头压力表

R410a 制冷剂管路所用双头压力表与 R22 制冷剂管路所用双头压力表的结构和功能均相同。

不同的是，由于 R410a 制冷剂管路的压力较大，因此 R410a 制冷剂管路所用双头压力表的最大量程较大。

2.6.4 真空表

真空表是一种能准确计量真空度的仪表，一般用于中央空调制冷管路的抽真空操作中。

图2-47为真空表的实物外形。该类仪表量程一般从负压开始。

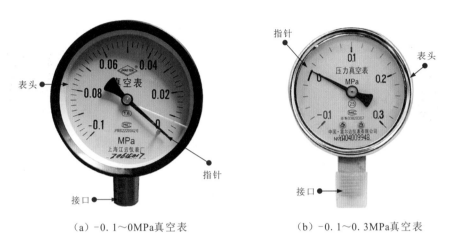

（a）-0.1～0MPa真空表　　　　（b）-0.1～0.3MPa真空表

图2-47　真空表的实物外形

2.6.5 称重计

图2-48为称重计的应用，称重时，可将制冷剂钢瓶直接置于称重计的置物板上。

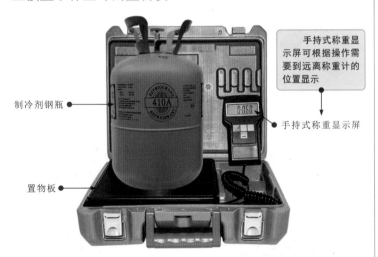

图2-48　称重计的应用

称重计是用来称量质量的设备。在中央空调的制冷剂充注操作中，往往需要借助称重计来称量制冷剂加入的质量，从而使充注的制冷剂等同于制冷剂的标称质量。

中央空调系统在充注制冷剂时，可将制冷剂钢瓶置于称重计的置物板上，根据标称质量计算剩余质量，当称重计显示的数值为剩余质量时，停止充注，如图2-49所示。

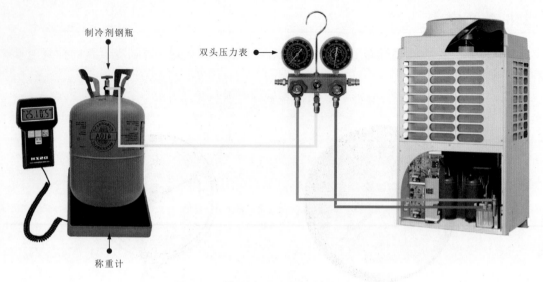

制冷剂钢瓶

双头压力表 ●

称重计

图2-49　借助称重计充注制冷剂示意图

检漏仪是用于检查中央空调系统制冷管路有无泄漏的仪表。

目前，应用于制冷检漏方面的检漏仪根据检测原理及检测对象的不同，可以分为卤素检漏仪、氦检漏仪和氢检漏仪。

根据外形结构的不同又可分为便携式检漏仪、台式检漏仪和移动式检漏仪。

2.6.6　检漏仪

图2-50为检漏仪的实物外形及使用方法。

便携式卤素检漏仪　　　　　　台式氢检漏仪

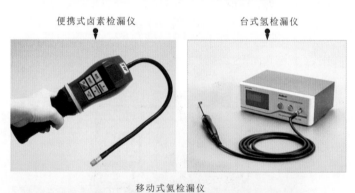

移动式氢检漏仪

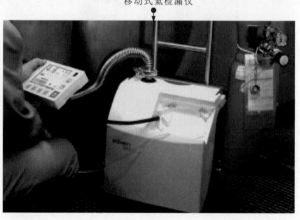

图2-50　检漏仪的实物外形及使用方法

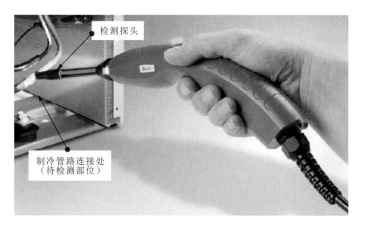

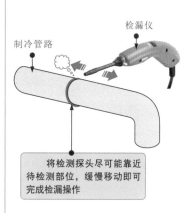

将检测探头尽可能靠近待检测部位，缓慢移动即可完成检漏操作

图2-50 检漏仪的实物外形及使用方法（续）

中央空调系统中的制冷剂类型不同，检漏时所选检漏仪的类型也不相同。如果中央空调系统中采用的是R410a制冷剂，则因这种制冷剂含氟，是由多种化学成分混合而成的，所以在选择检漏仪时不能使用CFC或HCFC的氟利昂检漏仪，应使用氢检漏仪。

2.7 辅助设备

2.7.1 真空泵

图2-51为中央空调系统抽真空操作中常见的真空泵实物外形。

真空泵是对中央空调制冷管路进行抽真空操作的重要设备。中央空调制冷管路在安装或检修完毕后，都要进行抽真空操作。

为防止真空泵中的机油回流，最好选择装有止回阀的真空泵。

图2-51 真空泵实物外形

通常，普通制冷（如制冷剂为R22）管路抽真空操作时使用普通真空泵即可，若给制冷剂为R410a的管路抽真空，则需选用带止回阀的真空泵，如图2-52所示。

（a）普通真空泵　　　　　　　　　　　　（b）带止回阀的真空泵
（R22制冷剂管路使用）　　　　　　　　　（R410a制冷剂管路使用）

图2-52 不同制冷剂管路所选用的真空泵

图2-53为真空泵在中央空调制冷管路抽真空操作中的应用示意图。真空泵通过管路与双头压力表连接后，再与中央空调室外机管路连接，实现抽真空操作。

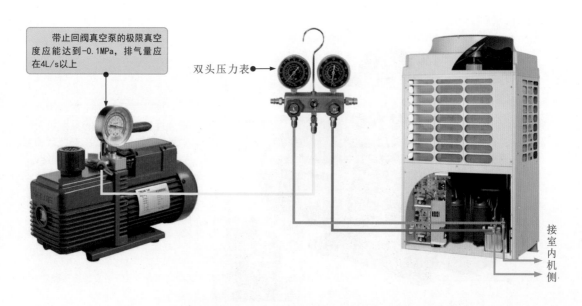

图2-53 真空泵在中央空调制冷剂管路抽真空操作中的应用示意图

2.7.2 电动试压泵

图2-54为电动试压泵的实物外形。常见的电动试压泵主要有便携式电动试压泵和台式电动试压泵。

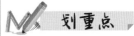

电动试压泵是一种能够进行压力实验或提供压力的设备，可用于水或液压油等介质，适用于各种压力容器、管路、阀门等，在中央空调系统中可用于管路试压、制冷剂灌装测压等。

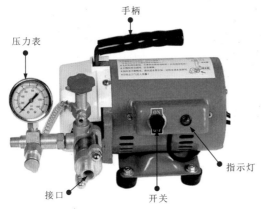

（a）便携式电动试压泵

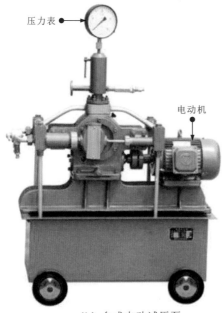

（b）台式电动试压泵

图2-54 电动试压泵的实物外形

2.7.3 制冷剂钢瓶

制冷剂是中央空调系统完成制冷循环的介质，在充入中央空调管路系统前存放在制冷剂钢瓶中。

图2-55为不同制冷剂钢瓶的实物外形。

制冷剂种类很多，目前，在中央空调管路系统中一般充注环保型的R410a 制冷剂。

充注制冷剂时，制冷剂的流量大小主要通过制冷剂钢瓶上的控制阀门控制，不充注时，一定要将阀门拧紧，以免制冷剂泄漏污染环境

R22
制冷剂钢瓶

R407C
制冷剂钢瓶

R410a
制冷剂钢瓶（粉色）

图2-55　不同制冷剂钢瓶的实物外形

不同类型制冷剂的化学成分不同，性能也不同。表2-3为R22、R407C及R410a制冷剂的性能对比。

表2-3　R22、R407C及R410a 制冷剂的性能对比

制冷剂	R22	R407C	R410a
制冷剂类型	旧制冷剂（HCFC）	新制冷剂（HFC）	
成分	R22	R32/R125/R134a	R32/R125
特点	单一制冷剂	疑似共沸混合制冷剂	非共沸混合制冷剂
氟	有	无	无
沸点（℃）	-40.8	-43.6	-51.4
蒸气压力（25℃）（MPa）	0.94	0.9177	1.557
臭氧破坏系数（ODP）	0.055	0	0
制冷剂填充方式	气体	以液态从钢瓶中取出	以液态从钢瓶中取出
冷媒泄漏是否可以追加填充	可以	不可以	可以

制冷剂R22：使用率最高的制冷剂，许多老型号空调器都采用R22作为制冷剂，含有氟利昂，对臭氧层破坏严重。

制冷剂R407C：一种不破坏臭氧层的环保制冷剂，与R22有极为相近的特性和性能，可应用于各种空调系统和非离心式制冷系统中，并能直接应用于原R22制冷系统，不需重新设计系统，只需更换少量部件，并将原系统内的矿物冷冻油更换为能与R407C互溶的润滑油即可，实现原系统的环保更换。

制冷剂R410a：一种新型环保制冷剂，不破坏臭氧层，具有稳定、无毒、性能优越等特点，工作压力为普通R22空调的1.6倍左右，制冷（暖）效率高，可提高空调的工作性能。

多说两句！

第3章

常用管材与配件

3.1 常用管材和板材

不同类型的中央空调系统所用管路的管材和板材不同，常用的有钢管、铜管、PE管、PP-R管、PVC管及金属板材、玻璃钢、硬塑料板、型钢等。

3.1.1 钢管

钢管具有很高的机械强度，可以承受很高的内、外压力，具有可塑性，能适应各种复杂的地形。在中央空调系统施工中，常用到的钢管主要有无缝钢管和有缝钢管。

 无缝钢管

图3-1为无缝钢管的实物外形。无缝钢管管壁比有缝钢管薄，一般采用焊接方式，不采用螺纹连接。

图3-1 无缝钢管的实物外形

有些钢管使用公称通径（公制）"DN+数字"表示规格参数，如DN40表示外径为48mm、壁厚为3.5mm；DN80表示外径为89mm，壁厚为4mm。钢管的公称通径与规格对照见表3-1。

表3-1　钢管的公称通径与规格对照

公称通径	外径（mm）	普通钢管		加厚钢管	
		壁厚（mm）	理论质量（kg/m）	壁厚（mm）	理论质量（kg/m）
DN8	13.5	2.25	0.62	2.75	0.73
DN10	17	2.25	0.82	2.75	0.97
DN15	21.3	2.75	1.26	3.25	1.45
DN20	26.8	2.75	1.63	3.5	2.01
DN25	33.5	3.25	2.42	4	2.91
DN32	42.3	3.25	3.13	4	3.78
DN40	48	3.5	3.48	4.25	4.58
DN50	60	3.5	4.88	4.5	6.16
DN65	75.5	3.75	6.46	4.5	7.88
DN80	89	4	8.34	4.75	9.81
DN100	114	4	10.85	5	13.44
DN125	140	4.5	15.04	5.5	18.24
DN150	165	4.5	17.81	5.5	21.63

有缝钢管是由卷成管形的钢板以对缝或螺旋缝焊接而成的，也称焊接钢管。

焊缝

2　有缝钢管

图3-2为有缝钢管的实物外形。有缝钢管常作为水、煤气的输送管路，被称为水管、煤气管。

图3-2　有缝钢管的实物外形

钢铁和铁合金均称为黑色金属，常将焊接钢管称为黑铁管。将黑铁管镀锌后就称为镀锌管或白铁管。镀锌管可以防锈，可以保护水质。

3.1.2 铜管

铜管是中央空调制冷剂的流通管路，也称为制冷管路，由脱磷无缝紫铜拉制而成。

图3-3为常见制冷剂铜管的实物外形。

盘绕管

应用在中央空调系统中的铜管应尽量采用长直管或盘绕管，可避免经常焊接，且要求铜管内、外表面无孔缝、裂纹、气泡、杂质、铜粉、锈蚀、脏污、积炭层及严重的氧化膜等，不允许有明显的刮伤、凹坑等。

长直管

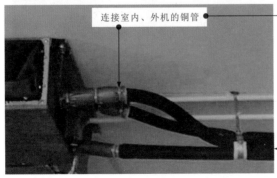
连接室内、外机的铜管

外层包裹隔热泡沫，以确保良好的制冷效果

隔热泡沫

图3-3　常见制冷剂铜管的实物外形

铜管按照制造工艺的不同，可分为拉伸式铜管和挤压式铜管。其中，拉伸式铜管的价格相对较低，适用于普通制冷管路，壁厚容易不均匀，不能应用在新型环保制冷管路中。

根据所适用的制冷剂类型，铜管又可分为R22铜管和R410a铜管。其中，R22铜管是普通铜管，专用于采用R22制冷剂的制冷系统中；R410a铜管是高强抗压的专用铜管，专用于采用R410a制冷剂的制冷系统中。安装使用时，不可使用R22铜管代替R410a铜管。根据制造材料的不同，铜管又可分为纯铜管和合金铜管。其中，纯铜管的纯度高，颜色呈玫瑰红色，也称紫铜管；合金铜管是将铜、锌按一定比例合成的，颜色多呈黄色，也称黄铜管，多用于普通制冷系统中。目前，在新型环保制冷系统中多使用纯铜管。

3.1.3 PE管（聚乙烯管）

PE管（聚乙烯管）属于塑料管，可采用卡套（环）连接、压力连接及热熔连接，可用作燃气和水压为1.0 MPa、水温为45℃以下的埋地水管。

图3-4为PE管（聚乙烯管）的实物外形。

PE管具有质量轻、柔韧性好、不生锈、耐腐蚀、管内摩擦损失小、塑性断裂特性好、脆裂温度低、耐化学腐蚀性好的特点。

图3-4　PE管（聚乙烯管）的实物外形

3.1.4 PP-R管（聚丙烯管）

PP-R管（聚丙烯管）属于塑料管，可采用热熔连接、螺纹连接、法兰连接，用作水压为2.0 MPa、水温为95℃以下的生活给水管、热水管、纯净饮用水管。

图3-5为PP-R管的实物外形。

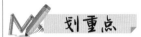

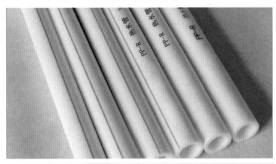

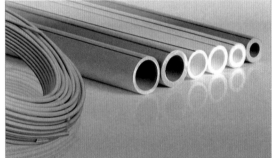

图3-5　PP-R管的实物外形

PP-R 管具有卫生、质轻、耐压、耐腐蚀、阻力小、隔热保温、安装方便、使用寿命长、废料可回收等特点，使用时，应注意管材需符合设计规格和允许压力等级的要求。

3.1.5 PVC管（聚氯乙烯管）

PVC管有PVC-U硬质聚氯乙烯管、PVC-C氯化聚氯乙烯管及PVC-M高抗冲聚氯乙烯管。

图3-6为PVC管的实物外形。

（a）PVC-U管

图3-6　PVC管的实物外形

PVC 管是近年来水暖市场中的一种新型管材，在给排水、水暖等系统施工中应用越来越广泛，并逐渐代替老式金属管材，在中央空调系统中多用作冷凝水管。

❶ 耐腐蚀、机械强度大，常作为给排水管。

② 保温性能好，耐高温，无污染，不易老化。

（b）PVC-C管

③ 性能与PVC-U管类似，具有良好的抗震性能。

（c）PVC-M管

图3-6 PVC管的实物外形（续）

多说两句！

PVC管的规格尺寸采用公称通径（以DN16～DN180最多）标识。其中，DN16、DN20、DN25、DN32、DN40有三种不同的厚度（轻、中、重），见表3-2。

表3-2　PVC管的厚度

公称通径	轻（mm）	中（mm）	重（mm）
DN16	1±0.15	1.2±0.3	1.6±0.3
DN20	1.2±0.2	1.5±0.3	1.8±0.3
DN25	1.3±0.25	1.5±0.3	1.9±0.3
DN32	1.4±0.3	1.8±0.3	2.4±0.3
DN40	1.8±0.3	1.8±0.3	2.0±0.3

划重点

金属板材是中央空调系统中制作风管、风道的重要材料，常见的有镀锌薄钢板、不锈钢板及铝板等。

3.1.6 金属板材

1 镀锌薄钢板

镀锌薄钢板是指具有镀锌层的钢板，是中央空调系统中使用最为广泛的制作风管、风道的材料。

图3-7为采用镀锌薄钢板制作的风道。

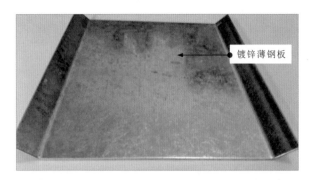

镀锌薄钢板

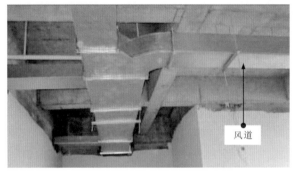

风道

图3-7 采用镀锌薄钢板制作的风道

采用镀锌薄钢板制作的风管

制作风管的镀锌薄钢板应满足表面光滑平整、厚薄均匀、无裂痕、无结疤等要求。

2 不锈钢板

不锈钢板具有不易锈蚀、耐腐蚀和表面光滑等特点，主要用于制作高温环境下的风道、风管等。

图3-8为采用不锈钢板制作的风道。

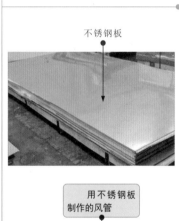

不锈钢板

用不锈钢板制作的风管

风道

图3-8 采用不锈钢板制作的风道

不同规格风管所应采用的不锈钢板厚度见表3-3。

表3-3 不同规格风管所应采用的不锈钢板厚度

矩形风管最长边或圆形风管直径（mm）	厚度（mm）
100～500	0.5
560～1120	0.75
1250～2000	1.0

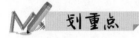

3 铝板

铝板是指用金属铝制成的板材，具有防腐蚀性能好、传热性能良好等特点，多用于制作风冷式中央空调系统中的风道，如图3-9所示。

用铝板制作的风管

铝板

风道

图3-9 采用铝板制作的风道

不同规格风管所应采用的铝板厚度见表3-4。

表3-4 不同规格风管所应采用的铝板厚度

矩形风管最长边或圆形风管直径（mm）	厚度（mm）
≤200	1.0～1.5
250～400	1.5～2.0
500～630	2.0～2.5
800～1000	2.5～3.0
1250～2000	3.0～3.5

3.1.7 玻璃钢

玻璃钢是一种非金属材料，具有强度高、防腐性和耐火性较好、成型工艺简单、刚度较差等特点，用作管路时应考虑是否满足刚度的要求，如图3-10所示。

图3-10 采用玻璃钢制作的管路

玻璃钢板材
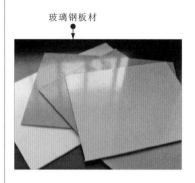

3.1.8 硬塑料板

硬塑料板即硬聚氯乙烯板（PVC-U），具有强度和弹性高、耐腐蚀性好、热稳定性较差的特点，一般应用于-10℃～60℃的环境中，如图3-11所示。

管件

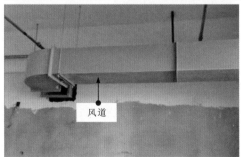

风道

图3-11 采用硬塑料板制作的管件和风道

硬塑料板
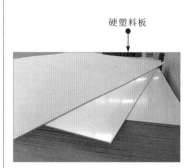

采用硬塑料板制作矩形风管和圆形风管对应的厚度见表3-5。

表3-5　采用硬塑料板制作矩形风管和圆形风管对应的厚度

矩形风管		圆形风管	
长边（mm）	厚度（mm）	直径（mm）	厚度（mm）
120～320	3	100～320	3
400～500	4	360～630	4
630～800	5	700～1000	5
1100～1250	6	1120～2000	6
1600～2000	8		

3.1.9 型钢

常用的型钢种类有扁钢、角钢、圆钢、槽钢和H型钢，如图3-12所示。在中央空调系统施工中，型钢主要用于设备框架、风管法兰盘、加固圈及管路的支、吊、托架等。

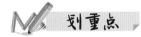

扁钢和角钢主要用于制作风管法兰及加固圈。

圆钢主要用于制作吊架拉杆、管路卡环及散热器托钩。

槽钢主要用于制作箱体、柜体的框架结构及风机等设备的机座。

H形钢主要用于制作大型袋式除尘器的支架。

扁钢

角钢

图3-12　常用型钢的实物外形

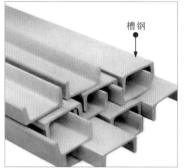

图3-12 常见型钢的实物外形（续）

3.2 常用配件

3.2.1 钢管配件

钢管配件是指应用在管路连接、分支、转弯、变径、堵口等位置的配件，一般根据连接方式不同，配件种类也不同。

1 管路延长连接配件（管路接头）

图3-13为常用的管路延长连接配件。

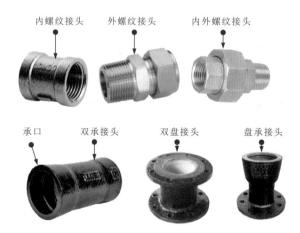

图3-13 常用的管路延长连接配件

2 管路转弯连接配件

管路转弯连接配件主要指各种弯头，是用来改变管路方向的配件，在中央空调系统施工中十分常见。

划重点

在中央空调系统施工中，除直通部分需要用到管材和板材外，在分支转弯和变径等部位还需要用到各种不同的配件。

管路延长连接配件一般是指管路接头，是用来连接两根管路的配件，常使用接头连接两根相同管材或直径有差异、接口有差异的管路。

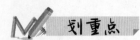
划重点

钢管的弯头多采用可锻铸铁材质，管壁较厚，全部为螺纹接口。

图3-14为常用的管路转弯连接配件。

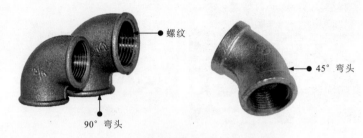

● 螺纹

● 45° 弯头

● 90° 弯头

图3-14　常用的管路转弯连接配件

3　管路分支连接配件

管路分支连接配件多采用可锻铸铁材质，如三通、四通等，管壁较厚，全部为螺纹接口，有镀锌和不镀锌之分，如图3-15所示。

常用的管路分支连接配件主要有斜三通、正三通、异径三通、异径四通及正四通等。

斜三通　　正三通　　异径三通

异径四通　　正四通

图3-15　常见的管路分支连接配件

① 斜三通的支路管口呈45°倾斜。

② 正三通的三个管口呈90°垂直。

③ 异径三通的支路管口直径较小。

④ 异径四通相对的两个管口直径相同。

⑤ 正四通的四个管口呈十字形。

4　管路变径用配件

管路变径用配件主要有异径接头和异径弯头，如图3-16所示。

异径接头或异径弯头的两个接口直径大小不相同。

异径接头 ●　　　　　　　● 异径弯头

图3-16　常用的管路变径用配件

5 管子堵口

图3-17为管子堵口实物外形。

外螺纹金属管子堵口

内螺纹金属管子堵口

图3-17 管子堵口实物外形

6 法兰

常见的法兰有平焊法兰、对焊法兰及螺纹法兰，如图3-18所示。

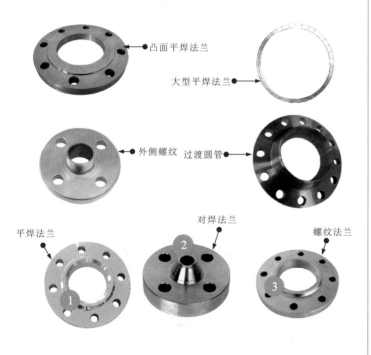

凸面平焊法兰

大型平焊法兰

外侧螺纹 过渡圆管

平焊法兰

对焊法兰

螺纹法兰

图3-18 法兰的实物外形

7 法兰垫片

由于法兰是直接接触连接在一起的，在受温度和压力的作用时，连接缝隙肯定会有泄漏，因此需要在两个法兰之间添加垫片（垫料），保证连接部位的密封性。

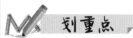
划重点

管子堵口一般被称为管堵、丝堵、塞头，是堵塞管路的配件，可通过螺纹固定到管路接口上，也可直接插接作为临时管堵。

法兰又叫法兰盘或突缘盘，安装在管材、配件或阀门的一端，用于管材与配件、阀门之间的连接。法兰上有孔眼，用于安装螺栓使两个法兰紧密连接。

1 平焊法兰有碳钢、不锈钢和合金钢三种材质，需要套在管材的适当位置后，再搭焊固定，适用于压力等级比较低（小于等于2.5MPa）及压力波动、震动均不严重的管道系统中。

2 对焊法兰是指带有锥形圆管并与管材对焊连接的法兰，分为凹、凸两块，便于连接，不易变形，密封好，耐压在2.5MPa以上，适用于压力或温度大幅度波动的管道或高温高压及低温管道。

3 螺纹法兰的内孔或颈部外侧加工有螺纹，可与带螺纹的管材连接，无需焊接，具有安装、维修方便的特点。

图3-19为法兰垫片的实物外形。常见的法兰垫片有金属、非金属和组合式三大类。每类垫片又可按材质细分，都有自己的特点和应用领域。

金属法兰垫片

组合式法兰垫片

图3-19　法兰垫片的实物外形

8 螺栓

法兰连接除了需要用到垫片，还需要用螺栓收紧固定。法兰常用的螺栓有六角单头螺栓和六角双头螺栓（配有螺母），如图3-20所示。

（a）六角单头螺栓

螺母

（b）六角双头螺栓

图3-20　螺栓的实物外形

划重点

① 金属法兰垫片采用钢、铝、铜、镍或蒙乃尔合金等材料制成。

② 组合式法兰垫片采用金属和非金属材料制成，有缠绕式和金属包覆式两种。

螺栓的尺寸要根据法兰螺栓孔的大小进行选配（螺栓比螺栓孔小2～4mm）。平焊法兰常使用单头螺栓固定。对焊法兰常使用双头螺栓固定。

单头螺栓一侧已铸好六角形头部，另一侧的螺纹用于拧螺母。

双头螺栓两侧都有螺纹，用来拧螺母。

表3-6为常见法兰、螺栓、螺母的规格参数。

表3-6　常见法兰、螺栓、螺母的规格参数

法兰规格 （最大工作压力）	螺栓规格（mm）	螺母规格（mm）		扭矩 （kN·m）
	md×p-1	s	m	
52(2 1/16")-14MPa	M16×2-85	22	18	0.153
21MPa	M22×2.5-110	30	24	0.424
35MPa	M22×2.5-110	30	24	0.424
70MPa	M20×2.5-100	27	22	0.266
105MPa	M22×2.5-115	30	24	0.424
140MPa	M30×3-150	41	32	0.929
65(2 9/16")-14MPa	M20×2.5-100	27	22	0.266
21MPa	M27×3-125	36	28	0.643

注：md×p-1表示公制螺纹直径×螺距-螺栓长度；s为螺母对边尺寸；m为螺母厚度。

3.2.2 铜管配件

铜管一般采用焊接和螺纹连接。其中，焊接采用焊接工具和电焊条连接，分支时，需要选配分歧管配合连接；螺纹连接应选配纳子连接。

图3-21为分歧管和纳子的实物外形及应用。

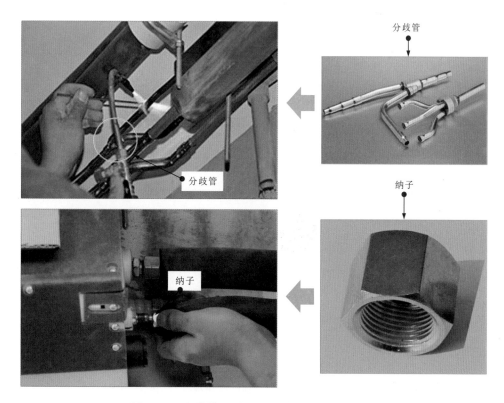

图3-21　分歧管和纳子的实物外形及应用

3.2.3 塑料管配件

图3-22为常见的塑料管配件。

PE管、PP-R管、PVC管均属于塑料管，其连接大多采用热熔连接方式，在连接过程中，需要采用各种规格和用途的配件，如接头、三通、四通、弯头、管堵等。

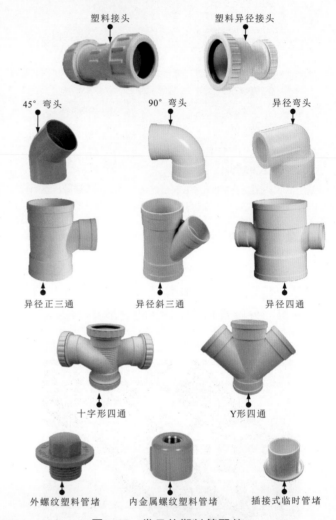

图3-22 常见的塑料管配件

3.3 阀门

阀门是液体输送过程中的控制部件，具有截止、调节、导流、防逆流、稳压、分流或泄压等多种功能，使用温度和压力范围非常大，应用比较广泛。

阀门有很多种，在中央空调系统施工中比较常见的有闸阀、截止阀、球阀、蝶阀、止回阀、安全阀、减压阀、风量调节阀、三通调节阀、防火调节阀等。

3.3.1 闸阀

普通闸阀从外观上看主要是由闸杆和闸板构成的，如图3-23所示。

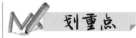

（a）明杆式闸阀

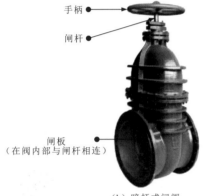

（b）暗杆式闸阀

图3-23 普通闸阀的实物外形

闸阀根据闸杆结构形式的不同可以分为明杆式闸阀和暗杆式闸阀，可以通过改变闸板的位置来改变通道的截面积，调节介质的流量，多用于给排水系统中。

明杆式闸阀的闸板随阀杆一起做直线运动。

暗杆式闸阀的闸杆螺母设在闸板上，闸杆转动使闸板提升。

3.3.2 截止阀

图3-24为截止阀的实物外形，主要是由手轮、螺母、垫料压盖、阀盘及闸杆等构成的。

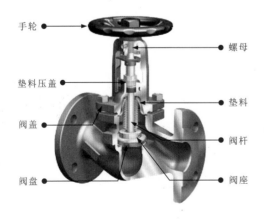

图3-24 截止阀的实物外形

截止阀是利用阀杆与内部阀座的突出部分相配合来对介质的流量进行控制的。

3.3.3 球阀

图3-25为常见球阀的实物外形。

图3-25　常见球阀的实物外形

球阀只需要旋转90°及很小的转动力矩就能开启或关闭。

3.3.4 蝶阀

图3-26为常见蝶阀的实物外形。

图3-26　常见蝶阀的实物外形

蝶阀的启/闭件是一个圆盘形的蝶板。蝶板在操作手柄的控制下，围绕阀轴旋转达到开启（开启角度为 0°～ 90°）与关闭或调节的目的，是一种结构简单的调节阀。

3.3.5 止回阀

止回阀又叫逆止阀、单向阀。它是利用阀前阀后的介质压力差自动启/闭的阀门，使内部介质只能朝单一方向流动，不能逆向流动，如图3-27所示。

❶ 旋启式止回阀适用于介质干净、口径较大的管路，流阻较小。

❷ 升降式止回阀密封性较好，适用于介质干净、口径较小的管路。

（a）旋启式止回阀　　　　（b）升降式止回阀

图3-27　止回阀的实物外形

止回阀是自动启/闭的，在一个方向介质的压力作用下，阀瓣被打开；当介质反方向流动时，在介质压力和阀瓣自重的共同作用下，阀瓣被关闭，切断介质流动。为了方便维修、更换和安装，在止回阀的外壳上标识规格（公称通径、公称压力、工作压力、介质温度）和介质流动方向。标识含义、阀门形式及介质流动方向见表3-7。

表3-7 标识含义、阀门形式及介质流动方向

标识	公称通径（mm）	公称压力（MPa）	工作压力（MPa）	介质温度（℃）	阀门形式	介质流动方向
PN30/40	40	3.0	--	--	直通式	进口与出口在同一或平行的中心线上
P₃₂12/125	125	--	12	320		
PN30/50	50	3.0	--	--	直角式 进口与出口成90°	介质作用在关闭状态
P₄₄12/80	80	--	12	440		
PN30/50	50	3.0	--	--		介质作用在关闭状态
P₄₄12/80	80	--	12	440		
PN16/50	50	1.6	--	--	三通式	介质具有几个流动方向
P₅₁10/100	100	--	10	510		

3.3.6 安全阀

图3-28为安全阀的实物外形。

图3-28 安全阀的实物外形

3.3.7 减压阀

图3-29为减压阀的实物外形。

图3-29 减压阀的实物外形

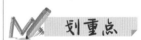

划重点

安全阀是可自动控制的阀门，一般用作安全装置，当管路或设备中的介质压力超过规定的数值时，自动开启排气降压，以免发生爆炸；当介质压力恢复正常后，自动关闭。

减压阀是一个局部阻力可以变化的节流部件，通过改变节流面积，使通过的介质流速及流体的动能改变，在水暖施工中可在需要改变介质压力的管路中使用。

3.3.8 风量调节阀

在中央空调管路系统中，风量调节阀可用来调节支风管的风量，用于新风与回风的混合调节。

图3-30为风量调节阀的实物外形。

（a）手动风量调节阀　　　　　　（b）电动风量调节阀

图3-30　风量调节阀的实物外形

风量调节阀是通过调节叶片的开启角度来控制风量的。叶片在可调节范围内的任意位置均可固定。风量调节阀一般通过法兰与风管连接。根据控制方式的不同，风量调节阀主要有手动风量调节阀和电动风量调节阀。

3.3.9 三通调节阀

图3-31为三通调节阀的实物外形。

三通调节阀可通过手柄调节主风管和支风管之间的风量配给，实现系统风量的平衡调节，一般安装在风管系统的三通管、直通管和分支管中。

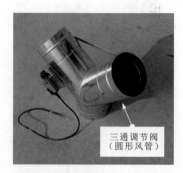

图3-31　三通调节阀的实物外形

3.3.10 防火调节阀

在中央空调系统中，从空调机房出来的主风管、穿越楼板的风管和跨越防火分区的风管按消防规定必须安装防火调节阀，以防止在发生火灾时，火势顺着风管蔓延。

图3-32为防火调节阀的实物外形。

图3-32　防火调节阀的实物外形

 风口

3.4.1 双层百叶风口

图3-33为常见双层百叶风口的实物外形，根据制作材料的不同，常见的有铝合金双层百叶风口和木质类双层百叶风口。

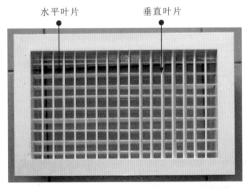

（a）铝合金双层百叶风口

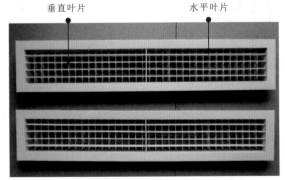

（b）木质类双层百叶风口

图3-33　常见双层百叶风口的实物外形

安装防火调节阀后，叶片一般保持开启状态，当通过防火调节阀的气流温度超过易熔片的熔断温度时，防火调节阀关闭，阻断气流，防止高温气流和火焰蔓延。防火调节阀的熔断温度为70℃。

双层百叶风口设有水平和垂直两种方向的叶片，通过调节水平、垂直方向的叶片角度调节气流的方向、扩散面等，在中央空调系统中多用作送风口。

多说两句！

散流器的外框和内芯可分离，方便安装和检修，根据需要可在散流器的后端配制风量调节阀（人字阀），常见的是采用铝合金材质，也有采用木质的，可按需要选配。

3.4.2 单层百叶风口

单层百叶风口是指仅设有一层百叶叶片的风口，一般可用作回风口和送风口。

图3-34为单层百叶风口的实物外形。

图3-34 单层百叶风口的实物外形

单层百叶风口用作回风口时，一般配有过滤器，风口是活动的，可以打开清洗过滤网；用作送风口时，可调节叶片角度控制气流的方向。

3.4.3 散流器

图3-35为散流器的实物外形。散流器在中央空调系统中一般作为下送风口，结构形式多样，常见的有方形和圆形，有四面出风、三面出风等方式。

（a）方形散流器　　　　　　　（b）圆形散流器

图3-35 散流器的实物外形

3.4.4 蛋格式回风口

图3-36为蛋格式回风口的实物外形。其外形一般为方格状，外形较为美观，可与装饰配色。

(a) 圆形蛋格式回风口　　　　　　　(b) 方形蛋格式回风口

图3-36　蛋格式回风口的实物外形

3.4.5 喷口

图3-37为喷口的实物外形,具有风速高、风量大、需要的风口数量少的特点。

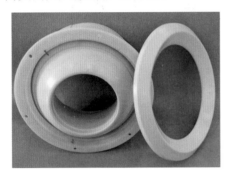

图3-37　喷口的实物外形

划重点

喷口可以通过选择合适的口径和风速达到需要的气流射程,或采用球形转动喷口调节送风角度,一般应用在一些较大空间的空气系统调节中。

3.5 专用配件

3.5.1 消声器

消声器是一种可降低和消除通风机噪声,避免噪声沿通风管路传入室内或影响周围环境的设备。

图3-38为消声器的实物外形。

抗性消声器

利用突然扩张或收缩或旁接的共振腔反射噪声至声源,不能吸收噪声

阻性消声器

利用吸声材料或结构吸收噪声,降低噪声影响

图3-38　消声器的实物外形

3.5.2 水泵

中央空调水系统一般采用单吸式离心水泵，常见的有卧式和立式两种结构形式，如图3-39所示。

水泵是一种以电动机为动力核心的设备，一般应用在水冷式中央空调系统中作为水循环的动力。

中央空调水循环系统中的水泵

静音排水泵

卧式冷却水泵　　　　立式冷却水泵

图3-39　常见水泵的实物外形

3.5.3 风机

常用的风机按工作原理可分为离心式风机和轴流式风机，如图3-40所示。

① 离心式风机：一般多用叶片前弯式，具有风量大、静压高、噪声低等优点，价格较轴流式风机贵，体积稍大，常用于通风与除尘装置中。

② 轴流式风机：具有风量大、安装简便、价格低等特点，静压较低、噪声大，常用于空调的供排风系统中。

（a）离心式风机

（b）轴流式风机

图3-40　常见风机的实物外形

第4章

管路系统安装连接

4.1 风道的安装

在风冷式风循环中央空调系统中，室外机与室内末端设备通过通风管路连接，由通风管路输送冷热风，实现制冷或制热功能。

图4-1为风冷式风循环中央空调系统中通风管路的连接关系示意图。由图可知，通风管路主要由风道和风道设备（静压箱、风量调节阀、法兰等）构成。

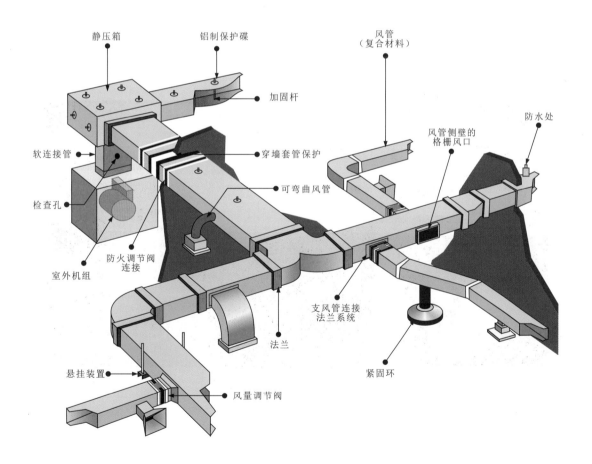

图4-1　风冷式风循环中央空调系统中通风管路的连接关系示意图

风道是风冷式风循环中央空调系统的主要送风传输通道，在安装风道时，应先根据安装环境实地测量和规划，按照要求制作出一段一段的风管，然后依据设计规划，将一段一段的风管接在一起，并与相应的风道设备连接组合、固定。

4.1.1 风管的制作

在制作风管前，一定要根据设计要求对风管的长度和安装方式进行核查，并结合实际的安装环境和仔细丈量的结果做出周密的制作方案，根据实际丈量尺寸核算板材。

目前，风管按照制作材料主要有金属材料风管和复合材料风管，以金属材料风管最为常见。许多中央空调都采用镀锌钢板作为风管的制作材料，并按照规定尺寸下料、剪裁及倒角。

1 镀锌钢板的剪裁和倒角

图4-2为镀锌钢板的剪裁和倒角。

图4-2　镀锌钢板的剪裁和倒角

切割镀锌钢板多采用剪板机，将需要剪裁的尺寸输入电脑，剪板机便会自动根据输入的尺寸完成精确的剪裁。

在剪裁和倒角时，一定要注意人身安全，严禁将手伸入切割平台的压板空隙中，尽可能远离刀口（确保与刀口的安全距离大于5cm），如果使用脚踏式剪板机，则在调整板料时，脚不要放在踏板上，以免误操作导致割伤事故或损伤板料。

2 镀锌钢板的咬口

剪裁和倒角完成后，就要对剪裁成型的镀锌钢板进行咬口操作。咬口也称咬边或辘骨，主要用于板材边缘的加工，使板材便于连接。

图4-3为镀锌钢板常见的咬口连接方式。镀锌钢板常见的咬口连接方式主要有按扣式咬口连接、联合角（东洋骨）咬口连接、转角（驳骨）咬口连接、单咬口（钩骨）连接、立咬口（直角骨）连接、抽条咬口（剪烫骨）连接等。

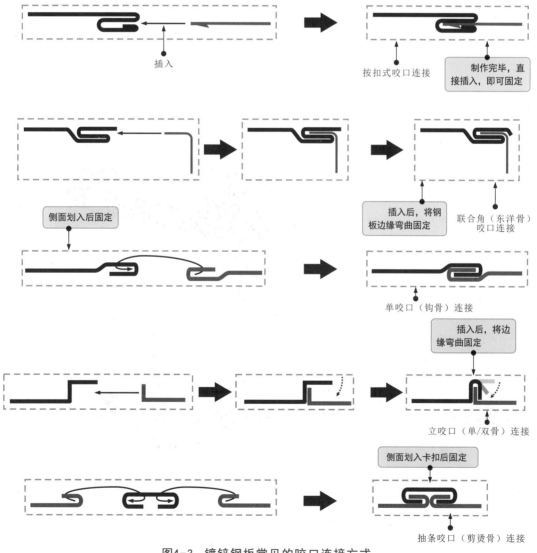

图4-3　镀锌钢板常见的咬口连接方式

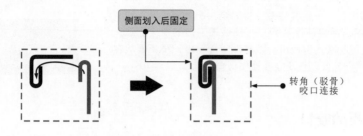

侧面划入后固定

转角（驳骨）咬口连接

图4-3 镀锌钢板常见的咬口连接方式（续）

3 镀锌钢板的折方和圈圆

咬口操作完成后，便可以根据设计规划，对咬口成型的镀锌钢板进行折方或圈圆操作。风管的形状主要有矩形和圆形。如果需要制作矩形风管，则利用折方机对加工好的镀锌钢板进行弯折，使其折成矩形。若需要制作圆形风管，则可利用圈圆机进行圈圆操作。图4-4为镀锌钢板的折方和圈圆操作。

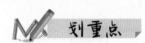

① 折方时，操作人员应相互配合，与折方机保持一定的距离，以免被翻转的钢板或配重碰伤。

② 制作圆形风管时，将咬口两端圈成圆弧状放在圈圆机上圈圆，并按风管设计要求调节圆径。操作时，严禁用手直接推送钢板。

制作矩形风管

折方机

圈圆机

制作圆形风管

图4-4 镀锌钢板的折方和圈圆操作

　　复合材料的板材可切成不同的样式后再拼接。矩形风管的拼接可采用一片法、U形两片法、L形两片法和四片法，如图4-5所示。

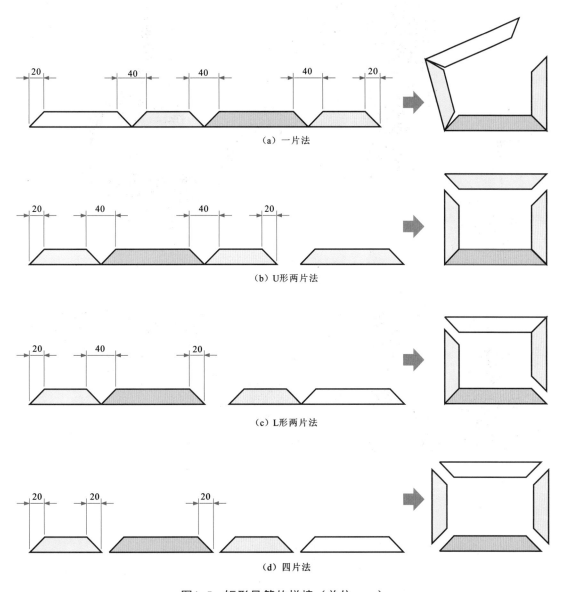

（a）一片法

（b）U形两片法

（c）L形两片法

（d）四片法

图4-5　矩形风管的拼接（单位：mm）

4 风管的合缝处理

　　风管折成方形或圈成圆形后，要进行合缝处理，一般可使用专用的合缝机完成合缝操作。注意，在联合角、转角及单/双骨等位置合缝时，应操作仔细、缓慢，必须确保合缝效果完好，不能有开缝、漏缝情况。

图4-6为风管合缝的操作方法。

图4-6　风管合缝的操作方法

4.1.2 风管的连接

金属材料的风管通常采用法兰及铆接的方法连接。复合材料的风管可以采用错位无法兰插接式连接。

1 金属材料风管的法兰连接

法兰连接是指借助法兰角连接器将一段风管与另一段风管连接和固定。

图4-7为金属材料风管借助法兰角连接器的连接，即将需要连接的两个风管连接口对齐，使用法兰角连接器连接接口的四个角。

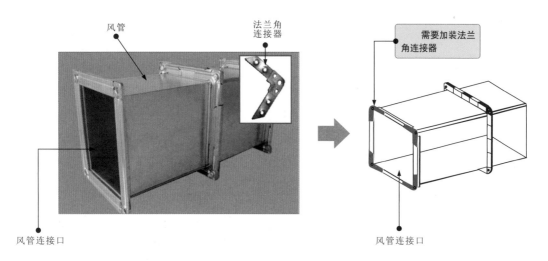

图4-7 金属材料风管借助法兰角连接器的连接

2 金属材料风管的铆接

铆接是指利用铆钉实现一段风管与另一段风管的连接和固定。图4-8为金属材料风管借助铆钉实现铆接的方法。

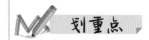

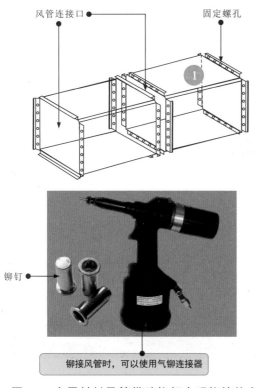

图4-8 金属材料风管借助铆钉实现铆接的方法

❶ 将需要连接的两个风管连接口对齐，确保风管连接口上的固定螺孔对齐。

②当两个风管连接口对接完成后，将铆钉放入气铆连接器中，按下气铆连接器上的开关，将铆钉打入固定螺孔。

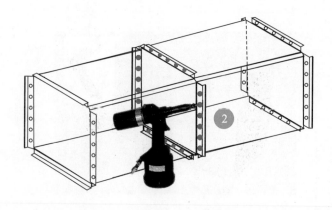

图4-8　金属材料风管借助铆钉实现铆接的方法（续）

风管除了按照上述操作方法进行相应的加工处理，往往还需要根据实际的安装位置进行必要的加工处理和连接。

图4-9为风冷式风循环中央空调多段风管的连接效果。

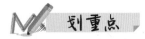

风管布局合理，接缝紧密，安装牢固可靠。

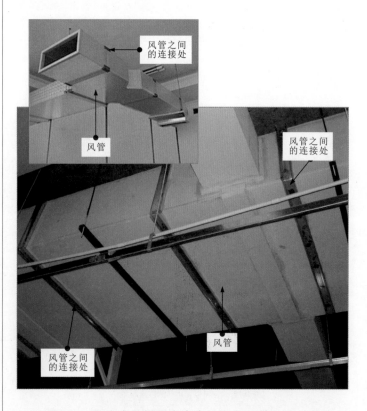

图4-9　风冷式风循环中央空调多段风管的连接效果

3 复合材料风管的插接

图4-10为复合材料风管的插接方法。

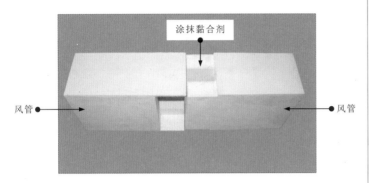

涂抹黏合剂

风管 风管

图4-10 复合材料风管的插接方法

4.1.3 风道设备与风管的连接

图4-11为风量调节阀与静压箱的实物外形。

静压箱

法兰角连接器
安装部位

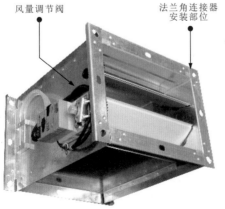

风量调节阀

法兰角连接器
安装部位

图4-11 风量调节阀与静压箱的实物外形

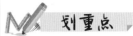
划重点

玻镁复合风管可以采用错位无法兰插接式连接，将风管的连接口对齐，在风管的连接口上涂抹专用的黏合剂，将其对接插入即可。

风道除了包含主体风管，还要安装多种设备，如静压箱、风量调节阀等。

风量调节阀与静压箱上都带有法兰角连接器，通过法兰角连接器与风管连接。

1 静压箱与风管之间的连接

根据静压箱的接口类型，连接静压箱和风管一般采用法兰角连接器连接。图4-12为静压箱与风管之间使用法兰角连接器的连接方法。

① 在连接静压箱与风管前，首先应确定静压箱接口与风管连接口的尺寸是否匹配。

② 将法兰角连接器及螺栓、螺母、法兰垫片按照顺序连接。

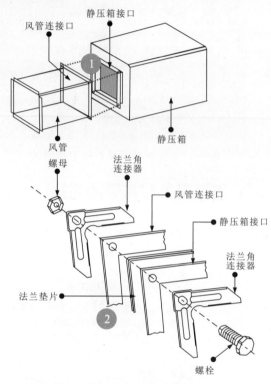

图4-12 静压箱与风管之间使用法兰角连接器的连接方法

2 风量调节阀与风管之间的连接

图4-13为风量调节阀与风管之间通过插接法兰条与钩码的连接方法。

① 风量调节阀与风管的连接口应相匹配。

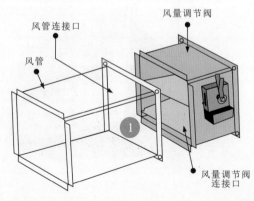

图4-13 风量调节阀与风管之间通过插接法兰条与钩码的连接方法

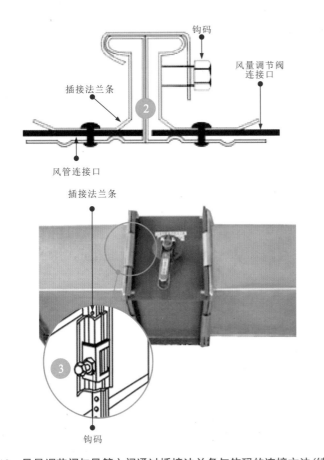

② 将两个插接法兰条分别插入风管连接口与风量调节阀连接口的中间,并使用钩码固定。

③ 使用钩码连接完成后,将螺栓拧紧。

图4-13 风量调节阀与风管之间通过插接法兰条与钩码的连接方法(续)

4.1.4 风道的吊装

中央空调的风道多采用吊装的方法安装在天花板上。图4-14为使用吊杆吊装风道的操作方法。

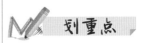

① 将全螺纹吊杆安装在已经确定好的位置上。

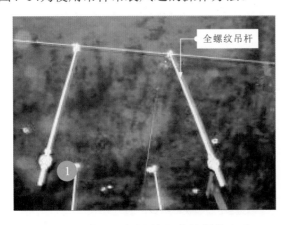

图4-14 使用吊杆吊装风道的操作方法

② 当全螺纹吊杆固定在屋顶之后，取下底部的螺母，对准钢筋吊架上的固定螺孔穿过。

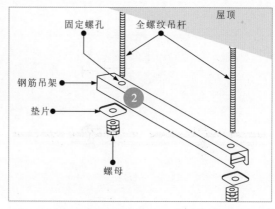

③ 使用双螺母拧紧固定。

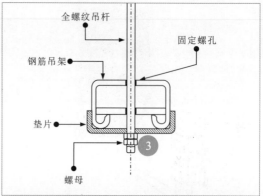

④ 固定后，检查钢筋吊架是否水平。

⑤ 将风道安装至钢筋吊架上，并使用专业的连接方法连接。

图4-14　使用吊杆吊装风道的操作方法（续）

图4-14 使用吊杆吊装风道的操作方法（续）

4.2 水管路的安装

图4-15为风冷式水循环中央空调室外机组水管路的安装示意图。水管路安装主要包括水管与闸阀组件的连接，如水泵的安装、自动排气阀和排水阀的安装、过滤器的安装、水流开关的安装等。

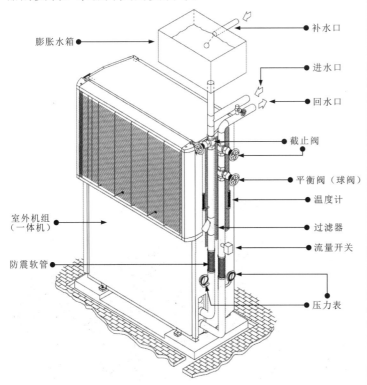

（a）室外机组（一体机）水管路部分连接示意图

图4-15 风冷式水循环中央空调室外机组水管路的安装示意图

⑥ 检查风道连接口与钢筋吊架的距离。

划重点

风冷式水循环中央空调的水管路安装与风道类似，在安装连接时，首先要根据安装环境实地测量和规划，按照要求制作出一段一段的水管，然后依据设计规划，将一段一段的水管及闸阀组件连接在一起，固定在建筑的顶部或墙壁上。

风冷式水循环中央空调的室外机组安装好后，可根据安装图连接水管路。

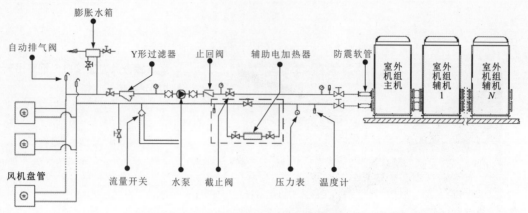

（b）室外机组（模块机组）与风机盘管水管路部分连接示意图

图4-15　风冷式水循环中央空调室外机组水管路的安装示意图

4.2.1　水泵的安装

　　水泵是风冷式水循环中央空调水管路中的重要组成部件之一，用于增加水管路中的水循环动力，通常安装在进水管路上。

　　如图4-16所示，水泵需要安装在水泥基座上，水平校正后，再固定好地脚螺栓。配管时，泵体接口和水管路连接不得强行组合。

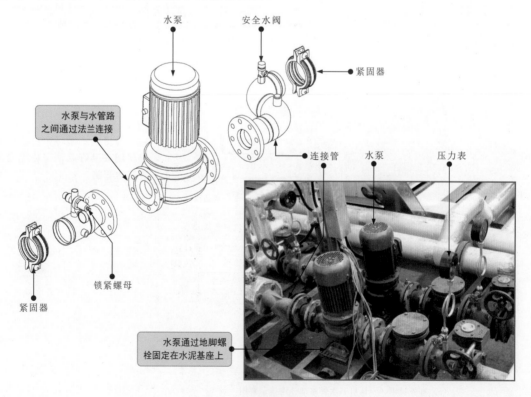

图4-16　水泵的安装

4.2.2 自动排气阀和排水阀的安装

图4-17为自动排气阀和排水阀的安装连接。

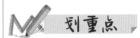

自动排气阀应设置在水管路系统的最高点、分区分段水平干管、布置有局部上凸的地方。水管路系统的最低端应设置排水管和排水阀。

图4-17 自动排气阀和排水阀的安装连接

4.2.3 过滤器的安装

图4-18为过滤器的安装连接。过滤器通过法兰盘与水管或橡胶软管连接。

过滤器也是风冷式水循环中央空调水管路系统中不可缺少的组成部件之一，用于过滤水管路中的杂质，通常采用法兰连接方法安装在水管路系统中。

图4-18 过滤器的安装连接

过滤器应设置在室外机组主机和水泵之前，保护室外机组主机和水泵不进入杂质、异物。过滤器前后应设有阀门（可与其他设备共用），以便检修、拆卸、清洗，安装位置须留有拆装和清洗操作空间，便于定期清洗。过滤器应尽量安装在水平管路上。水泵入口过滤器多安装在主水管上，水流方向必须与外壳上标明的箭头方向一致。

4.2.4 水流开关的安装

图4-19为水流开关的安装连接。水流开关安装完毕后，其下部的簧片长度应达到管路直径的2/3，且能活动自如，不应出现卡住或摆动幅度小的现象，以免误 动作。

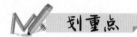

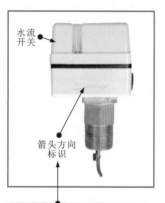

水流开关有方向标识，安装时，箭头方向应与水流方向一致，不可安反。

图4-19　水流开关的安装连接

水流开关是一种检测部件。在冷水流量不足或缺水的情况下，水流开关动作使室外机组主机停止工作。水流开关应安装在室外机组主机出水管的水平管路上，前、后必须有不小于5倍管径的平直管路。水流开关应接在主机对应的接线端子上，安装前应检查端子的通、断情况，以免接错。

4.3 水冷管路的安装

在水冷式水循环中央空调管路系统中，正确连接水冷管路系统是决定水冷式水循环中央空调系统性能的关键步骤。

图4-20为水冷式水循环中央空调水冷管路的连接示意图。

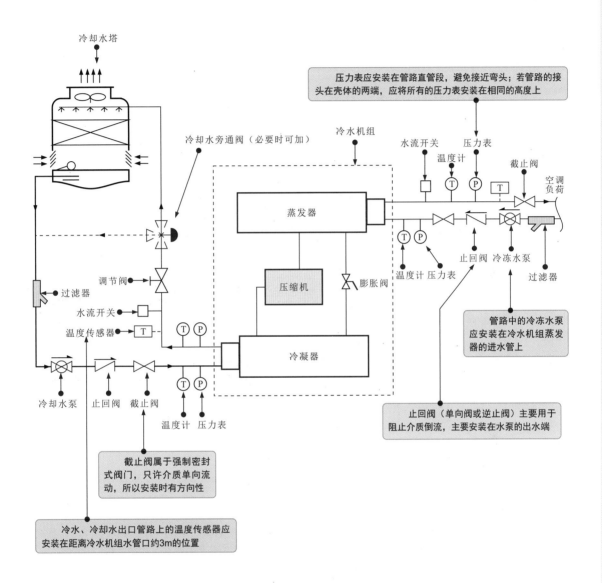

图4-20 水冷式水循环中央空调水冷管路的连接示意图

水冷管路安装完成后需要进行必要的成品检查：
（1）水冷管路不得用作吊位负荷及支撑，也不得蹬踩；
（2）搬运材料、机具及施焊时，要有具体防护措施；
（3）安装好后，应将阀门手轮卸下，竣工验收时统一装好。

4.4 制冷剂管路的安装

在多联式中央空调系统等直接蒸发式机组的安装过程中，制冷剂管路（铜管）的安装工作量较大，由于输送的介质为制冷剂，一旦有泄漏点，则检查和补漏难度很大，因此施工人员应严格按照施工规范施工。

4.4.1 制冷剂管路安装总体施工原则

安装多联式中央空调制冷剂管路必须了解系统的总体设计规范和施工原则：室内机与室外机容量配比必须在规范范围内；连接管的长度、尺寸、室内/外机组落差必须在允许范围内；分歧管的选型要正确；管路的走向必须与现场实际情况相符合；室内机的送风方式应符合实际应用场合，且与室内装饰物匹配；室外机的安装位置必须确保通风良好，噪声不影响附近居民，如图4-21所示。

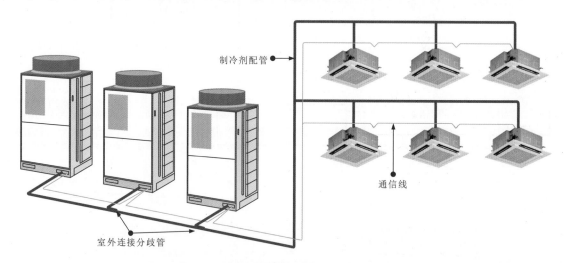

图4-21　制冷剂管路安装总体施工原则

多联式中央空调系统室内机与室外机的容量配比一般为50%～130%，不同厂家的要求不同，但基本上最低不能低于50%，最高不超过130%，超出这一范围将导致多联式中央空调系统无法开机。

表4-1为某品牌多联式中央空调室内机与室外机的容量配比。

图4-1　某品牌多联式中央空调室内机与室外机的容量配比

容量/匹	8	10	12	14	16	18	20	22	24	26	28	30	32	34	36	38	40	42	44	46
连接室内机台数/台	13	16	19	23	26	29	33	36	39	43	46	50	53	56	59	63	64	64	64	64
连接室内机的总容量指数/（W/100）	112～291	140～364	168～436	200～520	225～585	252～655	280～727	312～811	337～876	365～949	393～1021	425～1105	450～1170	477～1240	505～1312	537～1396	562～1461	590～1534	618～1606	650～1690

4.4.2 制冷剂管路的材料选配要求

中央空调制冷剂管路一般由脱磷无缝紫铜管拉制而成，选择铜管时：应尽量选择长直管或盘绕管，避免经常焊接；铜管内外表面应无孔缝、裂纹、气泡、杂质、铜粉、锈蚀、脏污、积碳层和严重氧化膜等情况；不允许铜管存在明显的刮伤、凹坑等缺陷。表4-2为不同规格铜管的外径及壁厚，选用时，应根据实际需求和设计要求选配。

表4-2 不同规格铜管的外径及壁厚

外径		R22制冷剂管路		R410a制冷剂管路	
mm	英寸	最小壁厚（mm）	类型	最小壁厚（mm）	类型
6.35	1/4	0.6	O	0.8	O
9.52	3/8	0.7	O	0.8	O
12.7	1/2	0.8	O	0.8	O
15.88	5/8	1.0	O	1.0	O
19.05	3/4	1.0	O	1.0	1/2H
22.23	7/8	1.2	1/2H	1.2	1/2H
25.4	1	1.2	1/2H	1.2	1/2H
28.6	1～1/8	1.2	1/2H	1.2	1/2H
31.75	1～1/4	1.2	1/2H	1.2	1/2H
34.88	1～3/8	1.2	1/2H	1.2	1/2H
38.1	1～1/2	1.5	1/2H	1.5	1/2H
41.3	1～5/8	1.5	1/2H	1.5	1/2H
44.45	1～3/4	1.7	1/2H	1.7	1/2H

注："O"指硬度较小的软铜管，可扩喇叭口；"1/2H"指半硬度管，不可扩喇叭口。

制冷剂管路根据安装位置、长度和制冷容量的不同，选配管径也有相应的要求。表4-3为制冷剂管路选配管径对照表。

表4-3 制冷剂管路选配管径对照表

室外机容量	室内机等效管路长度<90m		室内机等效管路长度≥90m	
	液管（mm）	气管（mm）	液管（mm）	气管（mm）
8匹	12.7	22.2	12.7	25.4
10匹	12.7	25.4	12.7	25.4
12匹	12.7	28.6	15.88	28.6
14～16匹	15.88	28.6	15.88	31.8
18～22匹	15.88	31.8	19.05	31.8
24匹	15.88	34.9	19.05	34.9
26～32匹	19.05	34.9	22.2	38.1
34～48匹	19.05	41.3	22.2	41.3
50～72匹	22.2	44.5	25.4	44.5

4.4.3 制冷剂管路的存放

如图4-22所示，制冷剂管路在运输或存放时：不可将管路直接放置在地面上，也不可在管路上面堆放重物；应注意管口两端要封口，避免杂质、灰尘进入；管路开口应尽量横向或朝下放置，如果环境湿度较大，则需在制冷剂管路外套装防护膜；穿墙时，管口必须加密封盖，以防止杂质进入管内；在运输过程中，不可让制冷剂管路与地面磕碰和摩擦，应避免因碰撞出现管壁刮伤、凹坑等情况。

图4-22 制冷剂管路的存放要求

4.4.4 制冷剂管路的长度要求

如图4-23所示，多联式中央空调制冷剂管路的长度按照制冷机组容量的不同有不同的长度要求（不同厂家对长度的要求也有细微差别，可根据出厂说明具体了解）。

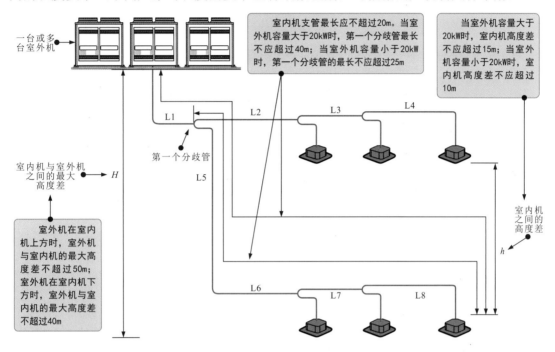

图4-23　多联式中央空调制冷剂管路长度要求

制冷剂管路长度要求：等效长度是指在考虑分歧管、弯头、存油弯等局部压力损失后换算的长度。其计算公式为等效长度=实际长度+分歧管数量×分歧管等效长度+弯头数量×弯头等效长度+存油弯×存油弯等效长度。

分歧管的等效长度一般按0.5m计算，弯头和存油弯的等效长度与管径有关，见表4-4。

表4-4　不同管径制冷剂管路弯头、存油弯的等效长度

管径 (mm)	等效长度（m）		管径 (mm)	等效长度（m）		管径 (mm)	等效长度（m）	
	弯头	存油弯		弯头	存油弯		弯头	存油弯
9.52	0.18	1.3	22.23	0.40	3.0	34.9	0.60	4.4
12.7	0.20	1.5	25.4	0.45	3.4	38.1	0.65	4.7
15.88	0.25	2.0	28.6	0.50	3.7	41.3	0.70	5.0
19.05	0.35	2.4	31.8	0.55	4.0	44.5	0.70	5.0

例如，12HP的室外机，制冷剂管路的实际长度为82m，管径为28.6mm，使用14个弯头、2个存油弯、3个分歧管时，其等效长度为82+0.5×14+3.7×2+0.5×3=97.9（m）。不同容量机组的制冷剂管路长度要求见表4-5。

图4-5 不同容量机组的制冷剂管路长度要求

R410a制冷剂系统		机组容量≥60kW	20kW≤机组容量<60kW	机组容量<20kW
		允许值	允许值	允许值
管路总长（实际长度）		500m	300m	150m
最远管路长度	实际长度	150m	100m	70m
	相当长度	175m	125m	80m
第一分歧管到最远室内机管路相当长度		40m	40m	25m
室内机-室外机落差	室外机在上	50m	50m	30m
	室外机在下	40m	40m	25m
室内机—室内机落差		15m	15m	10m

4.4.5 制冷剂管路的连接要求

在多联式中央空调系统中，制冷剂管路从室外机组底部引出，通过分歧管连接。其中，气管由气管分歧管连接（较粗）；液管由液管分歧管连接（较细）。

图4-24为室外机制冷剂管路的连接方式和连接要求。

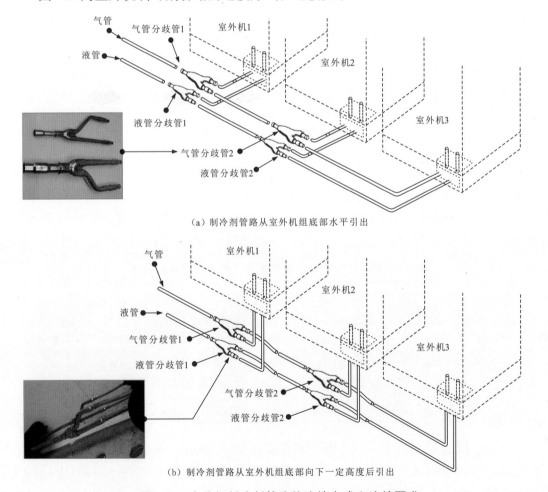

（a）制冷剂管路从室外机组底部水平引出

（b）制冷剂管路从室外机组底部向下一定高度后引出

图4-24 室外机制冷剂管路的连接方式和连接要求

在由多台室外机连接构成的中央空调系统中，室外机的连接顺序、连接管路引出长度、分歧管高度、制冷剂管路的引出方向等都有一定的要求，如图4-25所示。容量最大的室外机作为主机放置在距离第一分歧管最近的一侧，其他室外机作为从机根据容量大小按递减顺序排列。

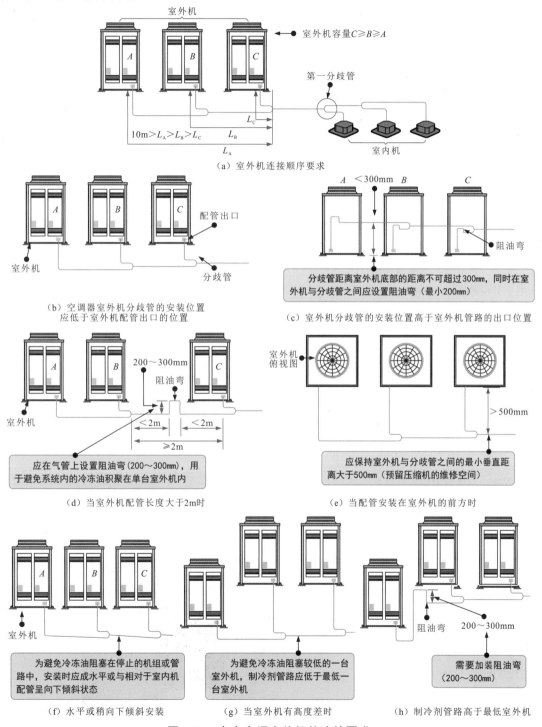

图4-25 中央空调室外机的连接要求

图4-26为室外机安装不当的情况。任何安装异常都可能导致整个中央空调系统的制冷功能失常或无法工作，在设计、安装、连接施工等环节，必须严格按照要求和规范，避免因操作不当导致异常。

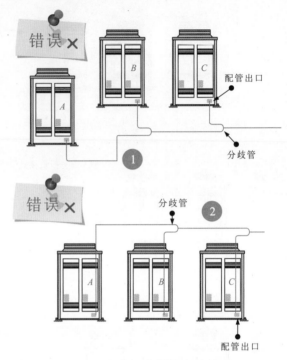

图4-26　室外机安装不当的情况

4.4.6 制冷剂管路的处理措施

制冷剂管路的实际安装施工操作必须满足干燥、清洁、密闭三大基本原则。

1 制冷剂管路的干燥措施

图4-27为确保制冷剂管路干燥的措施。

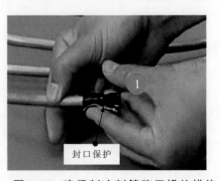

图4-27　确保制冷剂管路干燥的措施

划重点

1 多台室外机连接时应保持统一水平，否则，停机时，润滑油将积聚在位置较低的室外机中。

2 制冷剂管路不能高于室外机，否则，停机时，润滑油会积聚在室外机内部的管路中。

制冷剂管路的干燥原则是指确保管路中无水分，应在运输和存放过程中避免管路端部进水（如雨水）或管路中水分结露等情况发生，以免引起中央空调系统膨胀阀等结冰、冷冻油劣化，进而导致过滤器阻塞、压缩机故障等。

为满足制冷剂管路的干燥原则，在运输、存放、安装等过程中可采取管路端口保护、管路清洁和真空干燥等措施，确保制冷剂管路符合干燥规范要求。

1 在制冷剂管路端口缠绕PVC胶带或套上封帽。

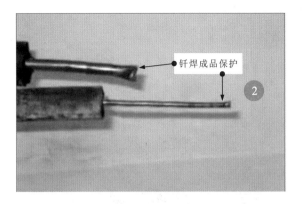

图4-27 确保制冷剂管路干燥的措施（续）

2 制冷剂管路的清洁措施

图4-28为制冷剂管路的清洁方法。

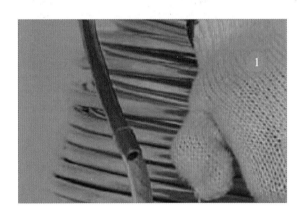

（a）充氮清洁法

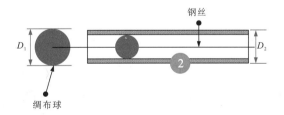

（b）绸布球抽拉清洁法

图4-28 制冷剂管路的清洁方法

制冷剂管路在焊接时形成的氧化物、灰尘或脏污等侵入管路内后，将造成制冷剂管路出现不清洁情况，从而导致中央空调系统中的膨胀阀、毛细管异常，冷冻油劣化，不制冷、不制热，压缩机故障等情况。

划重点

2 较长时间不用制冷剂管路时，应将管口压扁后钎焊封口。

1 将待连接铜管（适用于盘管）的管口通过软管与氮气钢瓶连接，将氮气从铜管的一端吹入，另一端吹出，借助高速高压氮气吹扫铜管内部。

2 将缠有绸布球的钢丝从铜管（适用于直铜管）的一端穿入，从另一端拉出，借助绸布球清理铜管内壁的杂质和灰尘，每抽拉一次，就要立即清理绸布球上的灰尘和杂质，反复清理，直至铜管清洁。

多说两句！

3 制冷剂管路的密闭措施

图4-29为确保制冷剂管路的密闭措施。

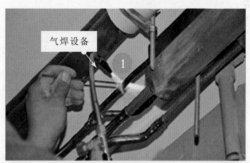

图4-29　确保制冷剂管路的密闭措施

1 焊接管路时，充入氮气进行钎焊，焊接方式、焊料必须符合规定。

4.4.7 制冷剂管路的加工

制冷剂管路的加工主要包括切管、弯管、扩管和胀管等。

2 管路连接时应按规定扩喇叭口，并用纳子紧固喇叭口与螺纹口，紧固必须牢靠。

 1 切管

制冷剂管路的切割需要切管器来完成，如图4-30所示。

1 进刀旋钮用于调节刀片与滚轮的距离。

2 刀片与滚轮之间的空间能容下需要切割的铜管。

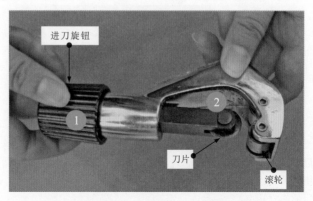

图4-30　切管器的调节方法

调节好切管器后，将需要切割的铜管放置在切管器中，刀片应垂直对准铜管。图4-31为铜管的切管操作。

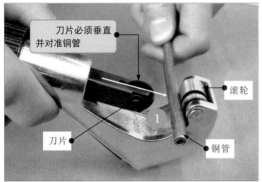

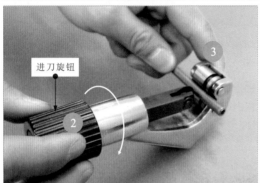

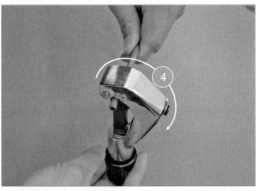

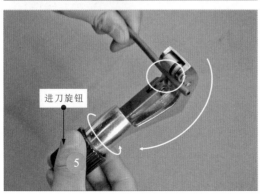

图4-31 铜管的切管操作

划重点

① 将铜管放置在切管器的刀片和滚轮之间。

② 顺时针缓慢调节进刀旋钮。

③ 使刀片垂直顶住铜管。

④ 用一只手捏住铜管，另一只手转动切管器，使其绕铜管顺时针方向旋转。旋转时，始终保持滚轮与刀片垂直压向管壁，不能侧向扭动，同时要防止进刀过快、过深，以免崩裂刀刃或造成铜管变形。

⑤ 一边旋转切管器，同时缓慢调节切管器末端的进刀旋钮，直到铜管被切割开。进刀与切割同时进行，以保证铜管在切管器刀片和滚轮间始终受力均匀。

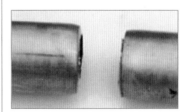

值得注意的是，使用切管器切管时，应顺时针旋转切管器，适当调节进刀旋钮，逐渐进刀，切忌进刀过度，导致铜管管口变形，切口必须保持平滑。图4-32为切管后管口的工艺要求。

切割后的铜管

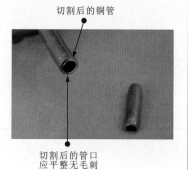

切割后的管口应平整无毛刺

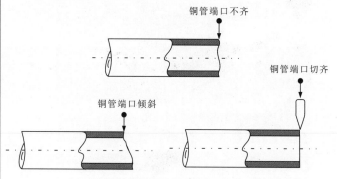

铜管端口不齐

铜管端口切齐

铜管端口倾斜

图4-32 切管后管口的工艺要求

切管作业不允许使用钢锯和砂轮机，以免出现管口变形、铜屑进入管内堵塞电子膨胀阀，影响管路安装质量，造成系统无法正常运行。

如图4-33所示，使用切管器切割铜管后，应去除管口缩径和毛刺。

① 将铜管朝下，管口对准倒角器刀片，均匀转动倒角器，去除管口缩径。

② 将铜管朝下，用刮刀贴紧管口，围绕管口转动，去除管口毛刺。

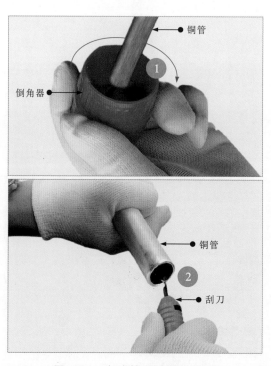

铜管

倒角器

铜管

刮刀

图4-33 去除管口缩径和毛刺

需要特别注意的是，倒角时或使用刮刀去除毛刺时，必须将管口朝下，以防有铜屑进入管内，造成电子膨胀阀堵塞。去除毛刺必须彻底，否则管口扩口后可能发生漏气现象，直接影响管路的安装质量。

2 弯管

弯管一般有手动弯管和电动弯管。其中，手动弯管适用于管径为6.35~12.7mm的细铜管，如图4-34所示。

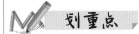

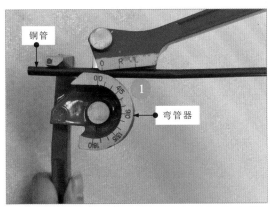

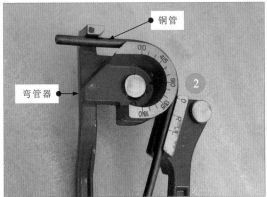

① 将铜管放入弯管器内并确保铜管的一端固定完好。

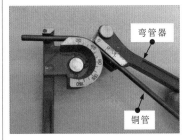

② 铜管应与弯管器贴合，用力扳动手柄。操作弯管器时，应双手同时用力向内扳动。

③ 根据管路的连接和安装需求，将铜管弯至固定角度。

弯曲铜管后，管壁不能出现凹瘪或变形的情况。

图4-34 手动弯管操作

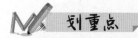

电动弯管操作与手动弯管操作基本相同，即根据安装需要确定弯曲角度后，将铜管插入电动弯管器的弯头中，接通电源即可开始弯管。

图4-35为电动弯管操作。电动弯管一般适用于管径为6.35～44.45mm的铜管。

图4-35　电动弯管操作

在弯管作业中，弯曲半径应大于管径的3.5倍，铜管弯曲变形后的短径与原直径之比应大于2/3。弯管后，铜管内侧不能起皱或变形，如图4-36所示；管路的焊接接口不应放在弯曲部位，接口焊缝与管路弯曲部位的距离应不小于100mm。

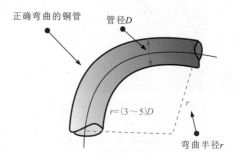

正确弯曲的铜管　　管径D

$r=(3\sim5)D$

弯曲半径r

弯曲后铜管内臂变形

根据制冷剂管路的安装和连接需要，可借助弯管器将铜管弯曲成各种形状。

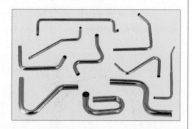

弯曲后铜管破损

图4-36　铜管弯曲规则

3 扩管

使用R410a制冷剂管路专用扩管器的扩管作业如图4-37所示。扩口操作要求管口平整、无毛刺、无翻边现象。

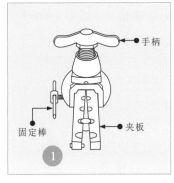

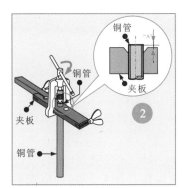

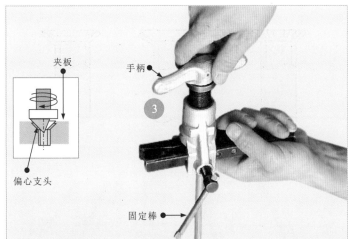

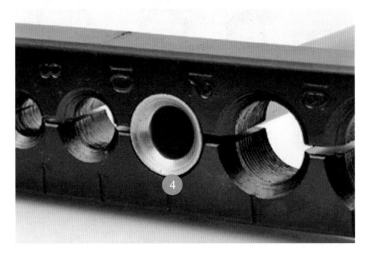

图4-37 使用R410a制冷剂管路专用扩管器的扩管作业

划重点

① 拧松夹板固定棒，使夹板能够张开一定的角度。

② 根据待扩铜管的管径选择夹板合适的扩孔，将平整的管口插入扩孔，露出1.0mm，管口垂直对准偏心支头。

③ 顺时针旋转手柄至自动弹开后，再旋转2～3圈。

④ 逆时针旋转手柄至顶端，松开固定棒，取下夹板，即可看到扩口完成的喇叭口。

值得注意的是，不同管径铜管扩喇叭口的尺寸不同，如图4-38所示。

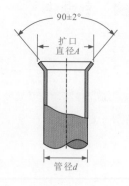

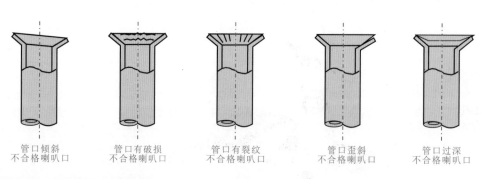

d (mm)	6.35 (1/4")	9.52 (3/8")	12.7 (1/2")	15.88 (5/8")	19.05 (3/4")
A (mm)	9.1	13.2	16.6	19.7	24.0
扩管时，铜管伸出夹板的长度（mm）			0.5		1.0

图4-38 不同管径铜管扩喇叭口的尺寸

使用扩管器扩喇叭口后，要求扩口与铜管同径，不可出现偏心情况，不应产生纵向裂纹，否则需要割掉扩口重新操作。图4-39为合格喇叭口与不合格喇叭口。

不合格的开裂喇叭口   合格喇叭口

图4-39 合格喇叭口与不合格喇叭口

 胀管

在中央空调制冷剂管路的连接操作中，两根同管径的铜管钎焊连接时，常常需要进行胀管操作。

图4-40为胀管操作及效果。

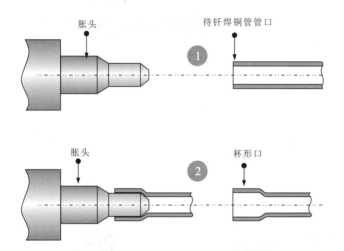

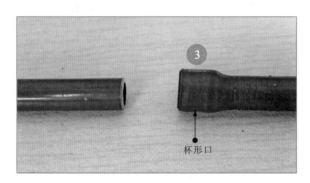

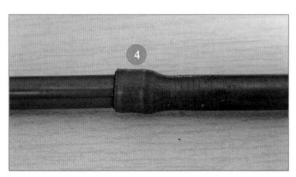

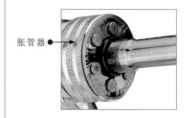

图4-40 胀管操作及效果

划重点

① 胀管前，首先需要清理管口，去除毛刺，然后选择与铜管管径相符的胀头。

② 将胀头旋到胀管器上，铜管插到胀头上开始胀管，待胀口胀为规则的杯形口后，松开手柄，取下胀好的铜管。

③ 将其中一根铜管管口胀为杯形口的效果。

④ 将另一根铜管对应插到胀好铜管杯形口中的效果。

在胀管操作中，要求胀口不可有纵向裂纹、胀口不能出现歪斜。在中央空调系统中，不同管径铜管所要求承插的深度不同。图4-41为胀管操作工艺要求。

多说两句！

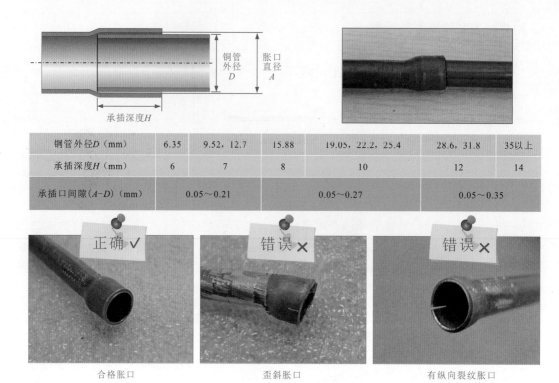

铜管外径D（mm）	6.35	9.52, 12.7	15.88	19.05, 22.2, 25.4	28.6, 31.8	35以上
承插深度H（mm）	6	7	8	10	12	14
承插口间隙$(A-D)$（mm）	0.05～0.21			0.05～0.27	0.05～0.35	

正确 ✓   错误 ✗   错误 ✗

合格胀口　　　　歪斜胀口　　　　有纵向裂纹胀口

图4-41　胀管操作工艺要求

4.4.8 制冷剂管路的承插钎焊连接

承插钎焊连接是指借助气焊设备将承插接口焊接，在焊接过程中，向制冷剂管路中充入氮气（0.03～0.05MPa），以防止在焊接时产生氧化物造成系统堵塞。

中央空调系统制冷剂管路的承插钎焊连接大致可分为四个步骤，即承插钎焊设备的连接、气焊设备的点火操作、焊接操作、气焊设备关火顺序。

1　承插钎焊设备的连接

图4-42为承插钎焊设备的连接示意图。

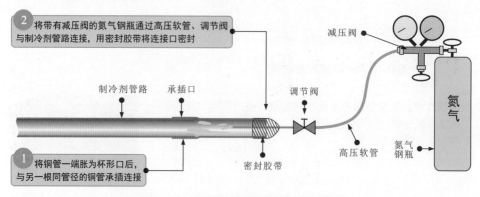

图4-42　承插钎焊设备的连接示意图

2 气焊设备的点火操作

如图4-43所示，气焊设备的操作有严格的规范和操作顺序，焊接前，必须严格按照要求进行气焊设备的点火操作。

氧气瓶控制阀门

燃气瓶控制阀门

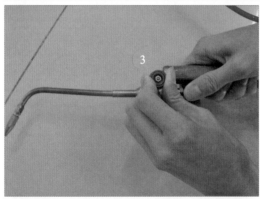

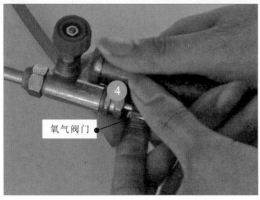

氧气阀门

图4-43 气焊设备的点火操作

划重点

1 打开氧气瓶控制阀门，调节输出压力为0.3～0.5MPa。

2 打开燃气瓶控制阀门，调节输出压力为0.03～0.05MPa。

3 打开燃气阀门，使用明火点燃焊枪嘴。

4 打开氧气阀门，调节火焰。

⑤ 将火焰调节到中性焰。火焰不要离开焊枪嘴，也不要出现回火现象。

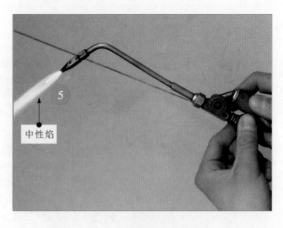

图4-43 气焊设备的点火操作（续）

在调节火焰时，如氧气或燃气开得过大，则不易出现中性焰，反而成为不适合焊接的过氧焰或碳化焰。其中，过氧焰温度高，火焰逐渐变成蓝色，焊接时会产生氧化物；碳化焰的温度较低，无法焊接管路。

3 焊接操作

焊接操作如图4-44所示。

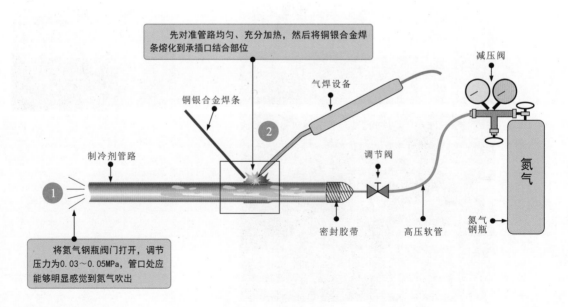

图4-44 焊接操作

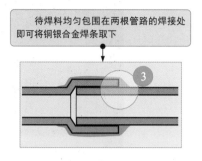

待焊料均匀包围在两根管路的焊接处即可将铜银合金焊条取下

图4-44 焊接操作（续）

图4-45为焊接方向。

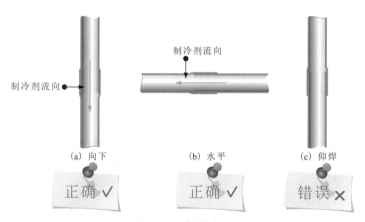

制冷剂流向

制冷剂流向

（a）向下 正确✓　（b）水平 正确✓　（c）仰焊 错误✗

图4-45 焊接方向

划重点

焊接方向一般以向下或水平方向为宜，禁止仰焊，且承插方向应与制冷剂流向相反。

制冷剂管路充入氮气的压力一般为0.03~0.05MPa，也可根据制冷剂管路的管径适当调节减压阀使氮气压力适宜钎焊（以钎焊管路未连接氮气钢瓶的一端有明显的氮气气流为宜）。若未充氮焊接，则铜管内壁会产生黑色的氧化铜，当管路投入使用后，氧化铜会随制冷剂的流动堵塞过滤网、电子膨胀阀、回油组件等，造成严重的故障。图4-46为充氮焊接与未充氮焊接管路内壁比较。

多说两句！

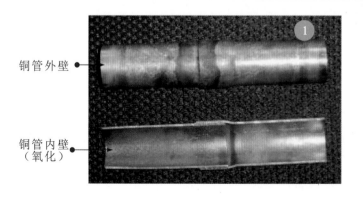

铜管外壁

铜管内壁（氧化）

① 未充氮气保护焊接后的铜管内发生氧化（内壁附着一层氧化铜）。

图4-46 充氮焊接与未充氮焊接管路内壁比较

铜管外壁 ●

铜管内壁 ●
（光亮如新）

图4-46　充氮焊接与未充氮焊接管路内壁比较（续）

② 充氮气保护焊接后的铜管内光亮如新。

4 气焊设备关火顺序

如图4-47所示，焊接完成后，气焊设备关火也必须严格按照操作要求和顺序，避免出现回火现象。

① 关闭氧气阀门。

② 关闭燃气阀门。

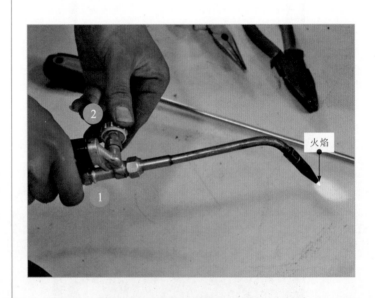

火焰

图4-47　气焊设备关火顺序

多说两句！

焊接完成后，需要继续通氮气3～5min，直到管路自然冷却，不会产生氧化物为止。不可使用冷水冷却焊接部位，以免因铜管和焊料收缩率不一致导致裂纹。焊接位置应无砂眼和气泡，焊缝饱满平滑。值得注意的是，承插钎焊焊接必须为杯形口，不可用喇叭口对接焊接，如图4-48所示。

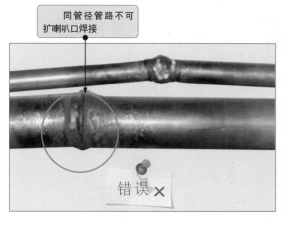
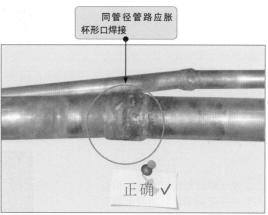

图4-48 承插焊接的正确与错误方法比较

4.4.9 制冷剂管路的螺纹连接

螺纹连接是指借助套入管路上的纳子（螺母）与管口螺纹拧紧，实现管路与机组的连接。在中央空调制冷剂管路安装操作中，室内机与制冷剂管路之间、室外机液体截止阀与制冷剂管路之间一般采用螺纹连接。

 螺纹连接前的扩口操作

图4-49为螺纹连接前的扩口操作。

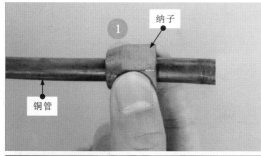

图4-49 螺纹连接前的扩口操作

制冷剂管路采用螺纹连接时，需要借助专用的扩管器将管路的管口扩为喇叭口。

扩口前，先将规格匹配的纳子（纳子的最小内径略大于待连接管路的管径）套在管路上。

① 从纳子内径小的一端将纳子套在待连接的铜管上。

② 使用扩管器将管口扩为喇叭口。

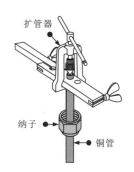

③ 将纳子推向管口。

④ 由于管口管径增大，之前套入的纳子受到喇叭口的限制将无法从管口处取下。

图4-49 螺纹连接前的扩口操作(续)

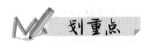

2 **制冷剂管路的螺纹连接方法**

以室内机与制冷剂管路的连接为例，将扩好的喇叭口对准室内机的螺纹管口，将纳子旋拧到螺纹上，借助两把力矩扳手拧紧，确保连接紧密，如图4-50所示。

① 将喇叭口与螺纹管口对接。

② 将纳子旋紧到螺纹管口上。

③ 借助两把力矩扳手拧紧纳子。

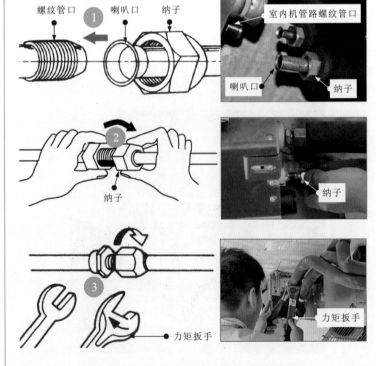

图4-50 制冷剂管路的螺纹连接操作

4.4.10 制冷剂管路的保温

中央空调在制冷模式下，管路温度很低，管路散热会损失制冷量，并引起结露滴水；在制热模式下，管路温度很高，可能会引起烫伤。综合各方面因素，制冷剂管路应按要求实施保温处理，如图4-51所示，以保证中央空调的制冷/制热效果。

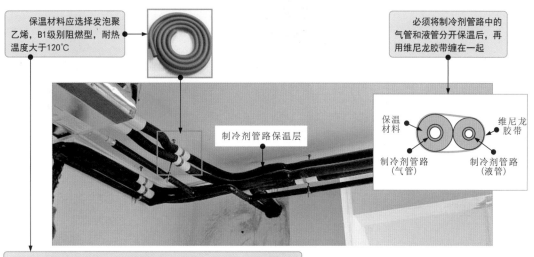

保温材料应选择发泡聚乙烯，B1级别阻燃型，耐热温度大于120℃

必须将制冷剂管路中的气管和液管分开保温后，再用维尼龙胶带缠在一起

制冷剂管路保温层

保温材料

维尼龙胶带

制冷剂管路（气管）

制冷剂管路（液管）

保温材料厚度与制冷剂管路管径有关：管径＜15.88mm时，保温材料的厚度宜选择≥15mm；15.88mm≤管径≤38.1mm时，保温材料的厚度宜选择≥20mm；管径≥38.1mm时，保温材料的厚度宜选择≥25mm。当处于温度较高或较低的地区时，保温材料的厚度可适当加厚

图4-51　制冷剂管路的保温处理

1 直管的保温方法

图4-52为制冷剂管路直管的保温方法。套保温材料时，必须将制冷剂管路的管口密封，防止有杂物进入管路，影响制冷/制热效果。

 划重点

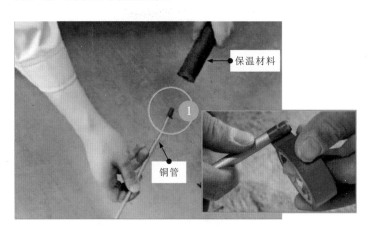

保温材料

铜管

① 使用胶带或封口帽将管口封住后，套在保温材料内。

图4-52　制冷剂管路直管的保温方法

②用维尼龙胶带顺时针向上将套有保温材料的制冷剂管路及信号线缆包裹在一起。

③制冷剂管路中的末端气管和液管分支处需分别缠绕包裹，使制冷剂管路可以分别与室外机或室内机管路连接。

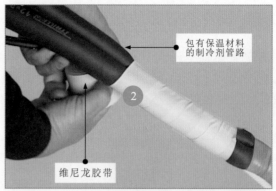
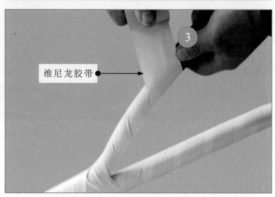

图4-52 制冷剂管路直管的保温方法（续）

2 分歧管的保温方法

如图4-53所示，分歧管是制冷剂管路分支连接的重要部件。分歧管保温一般需要使用专用的分歧管保温套，将保温套的进、出口分别与直管的保温材料连接后，再使用专用缠布基胶带缠牢（宽度不小于50mm）。

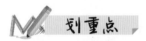

①将分歧管的保温套打开，套在分歧管的外部。

②将保温套合并。

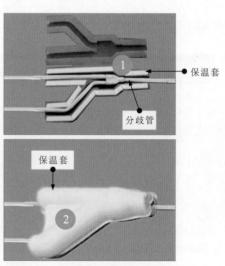

图4-53 分歧管的保温方法

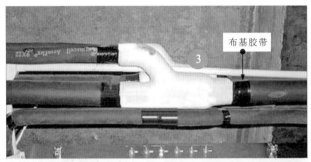

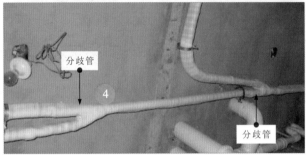

图4-53 分歧管的保温方法(续)

3 保温材料连接处的修补

如图4-54所示，当因安装原因需要将两段保温材料连接时，应按要求对连接处进行修补，确保连接可靠。

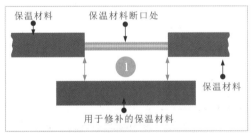

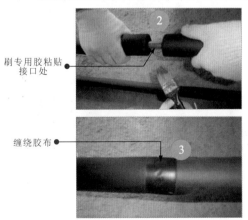

图4-54 保温材料连接处的修补方法

③ 将保温套的进、出口分别与直管的保温材料连接，缠布基胶带（宽度不小于50mm）。

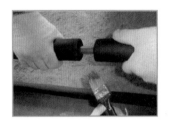

④ 用维尼龙胶带将包有保温材料的分歧管及信号线缆包裹在一起。

① 剪裁比断口稍长一些的保温材料。

② 接口处用专用胶紧密粘贴。

③ 表面用胶布缠绕，注意不要缠绕过紧，避免过分挤压保温层。

① 切出两段大于机体与管路连接接口的保温材料，将保温材料包裹在接口处。

② 涂抹专用胶粘贴后，再缠绕胶布，应避免用力挤压保温材料，确保接口处保温可靠。

4 室内、外机接口处的保温处理

如图4-55所示，室内、外机接口处的保温处理需要在气密性实验后进行，处理时，要求保温材料与机体之间不能有间隙。

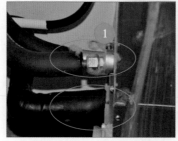

图4-55　室内、外机接口处的保温处理

4.4.11 制冷剂管路的固定

中央空调制冷剂管路可直接固定在墙壁上，也可水平或垂直吊装。

常用于辅助固定的附件主要有金属卡箍、U形管卡、角钢支架、角钢托架或圆钢吊架、圆木垫等。图4-56为制冷剂管路横管和竖管的固定方式和要求。

横管固定：横管可采用金属卡箍、U形管卡、角钢支架、角钢托架或圆钢吊架固定。应注意，U形管卡采用扁钢制作；角钢支架、角钢托架或圆钢吊架需做防腐防锈处理。

（a）横管

铜管外径（mm）	<12.7	>12.7
吊支架间距（m）	1.2	1.5

图4-56　制冷剂管路横管和竖管的固定方式和要求

（b）竖管

图4-56 制冷剂管路横管和竖管的固定方式和要求（续）

划重点

竖管固定：竖管一般每间隔2.5m采用U形管卡固定，并用圆木垫代替保温材料。U形管卡应卡住圆木垫外固定。圆木垫应进行防腐处理。

图4-57为制冷剂管路的局部管固定要求。局部管是指制冷剂管路中的弯管、分歧管、室内机接口管和穿墙管等。这些特殊的管路对固定方式有一定的要求。

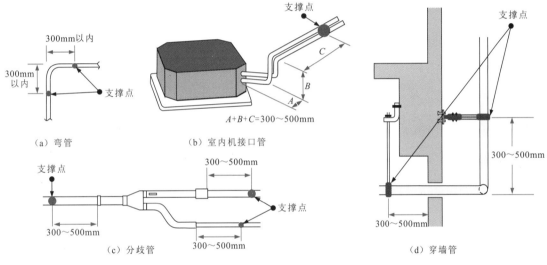

图4-57 制冷剂管路的局部管固定要求

4.4.12 分歧管的安装和连接

1 分歧管的距离要求

图4-58为主分歧管的距离要求。

主分歧管后的单侧管路长度之和 $l_1+l_2+l_3+l_4$ 30m或 $l_5+l_6+l_7\leqslant30m$，则主分歧管数量无限制；若大于30m，则主分歧管应不超过2个。

从第一分歧管到最远室内机的管路长度应≤90m。

$A-B$之差（第一分歧管到最远端和最近端室内机的距离）应≤40m。

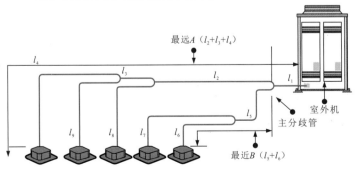

图4-58 主分歧管的距离要求

2 **分歧管的安装和连接要求**

分歧管在安装和连接时，对其安装方向和长度都有明确的要求：应水平（水平误差角度不大于±15°）或垂直安装，不可竖直安装；与分歧管入口和出口连接的制冷剂管路直管应至少50cm以上，否则容易引起制冷剂偏流或制冷剂流动噪声，如图4-59所示。

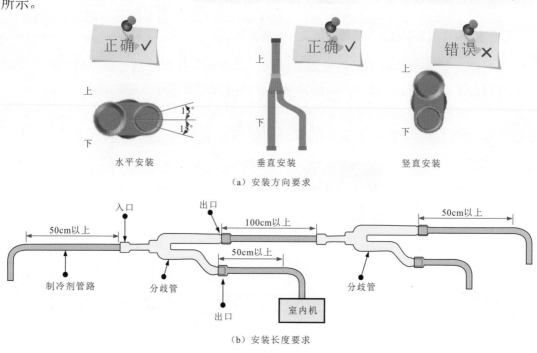

（a）安装方向要求

（b）安装长度要求

图4-59 分歧管的安装方向和长度要求

分歧管与制冷剂管路焊接时需要充氮焊接，防止焊接部位氧化，导致管路内部出现杂质，如图4-60所示。

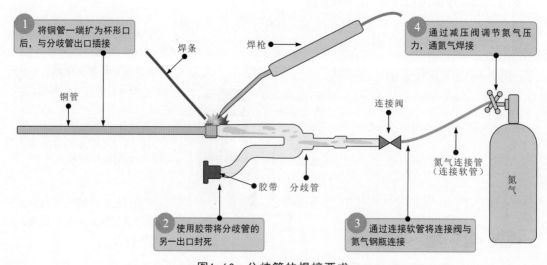

图4-60 分歧管的焊接要求

4.4.13 存油弯的安装和连接

存油弯是制冷剂管路中为便于回油而设置的管路附件。通常，当中央空调室内、外机高度差大于10m时，需要在气管上设置存油弯，每间隔10m增加一个。

存油弯弯曲半径与管径有关，如图4-61所示。存油弯的高度一般为10cm左右或者大于3～5倍的管径。

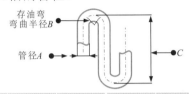

A(mm)	B(mm)	C(mm)	A(mm)	B(mm)	C(mm)
22.2	≥31	≤150	38.1	≥60	≤350
25.4	≥45	≤150	41.3	≥80	≤450
28.6	≥45	≤150	44.45	≥80	≤500
34.9	≥60	≤250	54.1	≥90	≤500

图4-61 存油弯的规格

当室内、外机高度差大于10m时，需要每间隔10m安装一个存油弯，如图4-62所示。

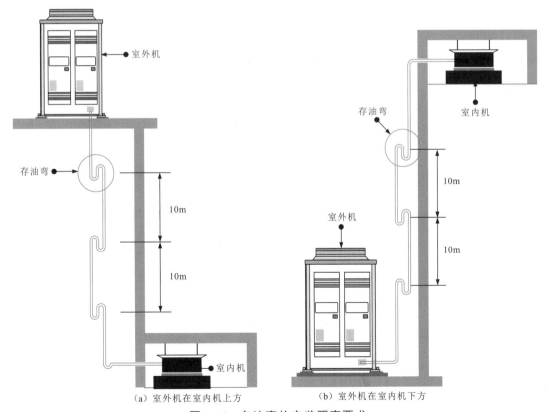

（a）室外机在室内机上方　　　　　（b）室外机在室内机下方

图4-62 存油弯的安装距离要求

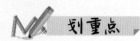划重点

4.4.14 冷凝水管的安装

冷凝水管是多联式中央空调室内机排水的重要通道。安装冷凝水管应遵循1/100坡度、合理管径和就近排水三大基本原则。

1 冷凝水管安装坡度要求

如图4-63所示，为确保冷凝水顺利排出，管路要尽量短，且保持1/100下垂坡度。若无法满足下垂坡度，则可选择大一号的管路，利用管径作为坡度。

冷凝水管一般使用给水用PVC-U塑料管，使用专用胶粘连，管径应大于或等于室内机组排水管的管径。

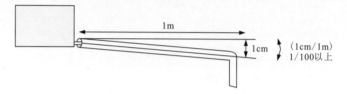

图4-63 冷凝水管的安装坡度要求

2 冷凝水管的固定

如图4-64所示，固定冷凝水管时需要根据要求设置支撑，防止因弯曲产生气袋，且必须与室内其他水管分开安装。

在水平管路中，每隔0.8～1m设置一个支撑，以防冷凝水管下垂。

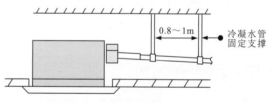

图4-64 冷凝水管的固定

3 冷凝水管的安装方式

图4-65为冷凝水管的安装方式。

自然排水时，排水管应向下50mm后形成存水弯。存水弯的高度为排水管向下一半的距离。

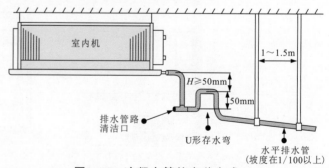

图4-65 冷凝水管的安装方式

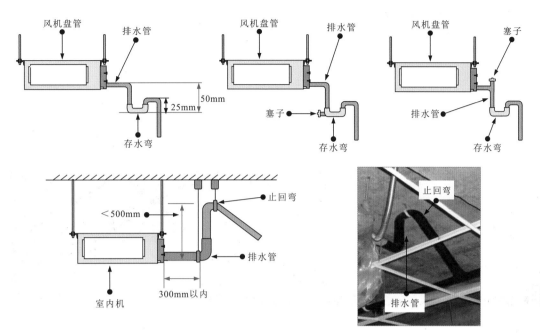

图4-65 冷凝水管的安装方式（续）

4 集中排水汇流方式

如图4-66所示，当多台室内机集中排水时，需将每台室内机排水管与排水干管连接，由排水干管统一排水。

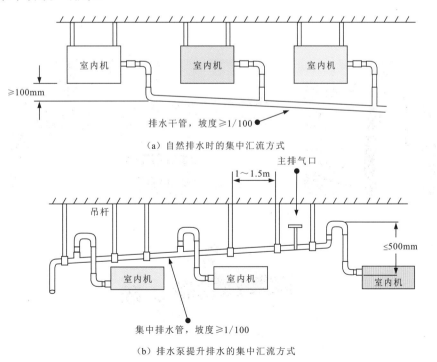

（a）自然排水时的集中汇流方式

（b）排水泵提升排水的集中汇流方式

图4-66 集中排水汇流方式要求

图4-67为室内机排水管汇流与排水干管横向、竖向连接时的要求。

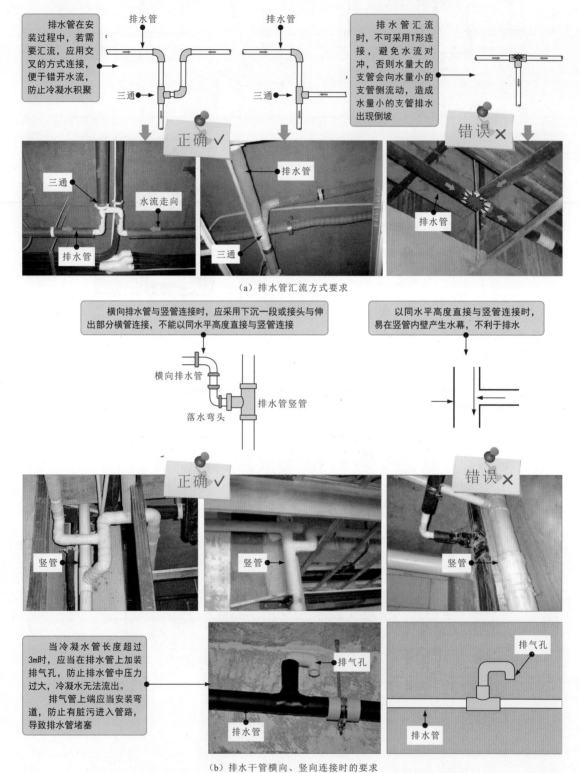

排水管在安装过程中，若需要汇流，应用交叉的方式连接，便于错开水流，防止冷凝水积聚

排水管汇流时，不可采用T形连接，避免水流对冲，否则水量大的支管会向水量小的支管侧流动，造成水量小的支管排水出现倒坡

（a）排水管汇流方式要求

横向排水管与竖管连接时，应采用下沉一段或接头与伸出部分横管连接，不能以同水平高度直接与竖管连接

以同水平高度直接与竖管连接时，易在竖管内壁产生水幕，不利于排水

当冷凝水管长度超过3m时，应当在排水管上加装排气孔，防止排水管中压力过大，冷凝水无法流出。
排气管上端应当安装弯道，防止有脏污进入管路，导致排水管堵塞

（b）排水干管横向、竖向连接时的要求

图4-67 室内机排水管汇流与排水干管横向、竖向连接时的要求

第5章

室外机的安装

5.1 风冷式中央空调室外机的安装

5.1.1 风冷式中央空调室外机的安装要求

风冷式中央空调室外机在安装之前要仔细核查、验收，无误后，再按照安装、操作和维护手册清点配件，如图5-1所示。

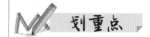

安装、操作和维护手册

风冷式冷水机组/热泵机组YHAC系列
FORM NO:YHAC-051OM(YGF)(0606)

图5-1 风冷式中央空调室外机的外形

选择安装位置时，应尽可能选择离室内机较近、通风良好且干燥的地方，注意避开阳光长时间直射、高温热源直接辐射、环境脏污恶劣的区域，同时也要注意室外机的噪声及排风不要影响周围居民的生活。

风冷式中央空调室外机通常安装在建筑物楼顶、侧面平台或街道旁

若基座很高，则可不设置排水沟

1 室外机整机安装要求

通常，风冷式中央空调室外机应安装在坚实、水平的混凝土基座上，最好用混凝土制作距地面至少10cm厚的基座。若室外机需要安装在道路两侧，则整机底部距离地面的高度至少不低于1m。图5-2为风冷式中央空调室外机整机安装要求。

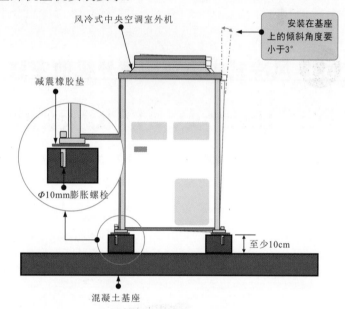

图5-2 风冷式中央空调室外机整机安装要求

风冷式中央空调室外机在安装时要确保维修空间，应根据实际安装情况和环境限制在基座周围设置排水沟。图5-3为风冷式中央空调室外机基座周围的排水沟。

图5-3 风冷式中央空调室外机基座周围的排水沟

　　室外机在安装时，除使用减震橡胶垫外，如果有特殊需要，还需加装压缩机消音罩，以降低室外机的噪声，同时要确认在室外机的排风口处不要有任何障碍物。若室外机的安装位置位于室内机的上部，则气管最大高度差不应超过21m。若室外机比室内机高出1.2m，则气管要设一个集油弯头，每隔6m都要设一个集油弯头。若室外机的安装位置位于室内机的下部，则液管最大高度差不应超过15m，气管在靠近室内机处设置回转环。

2　室外机进风口、送风口的位置要求

　　为确保工作良好，中央空调室外机的进风口至少要高于周围障碍物80cm。图5-4风冷式中央空调室外机进风口、出风口的位置要求。

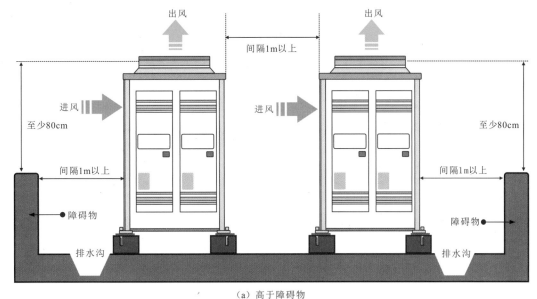

（a）高于障碍物

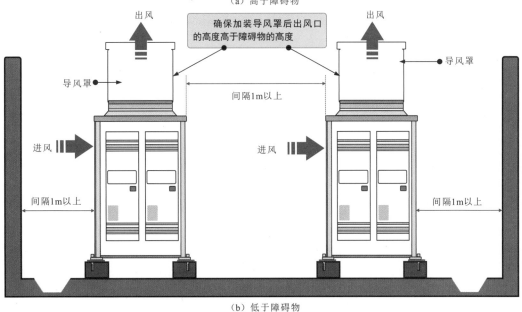

（b）低于障碍物

图5-4　风冷式中央空调室外机进风口、出风口的位置要求

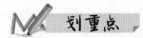

如果需要安装多台室外机，则除了要考虑维修空间，每台室外机之间也要保留一定的间隙，确保室外机能够良好工作。

1 多台室外机单排安装时，应确保室外机与障碍物之间的间隔距离在1m以上。

2 各室外机之间的间隙要保持为20～50cm。

3 多台室外机的安装要求

图5-5为多台室外机单排安装要求。

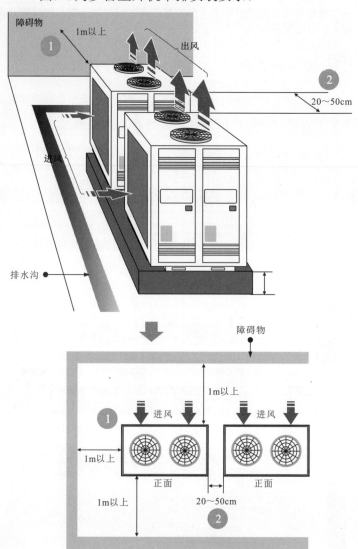

图5-5 多台室外机单排安装要求

如图5-6所示，多台室外机多排安装时，除确保靠近障碍物的室外机与障碍物间隔距离在1m以上外，相邻两排室外机的间隔也要在1m以上，各排中的室外机之间的间隔要保持为20～50cm。

考虑到中央空调室外机噪声的影响，安装时，排风口不得朝向相邻的门窗，距相邻门窗的距离与室外机制冷额定功率的关系见表5-1。

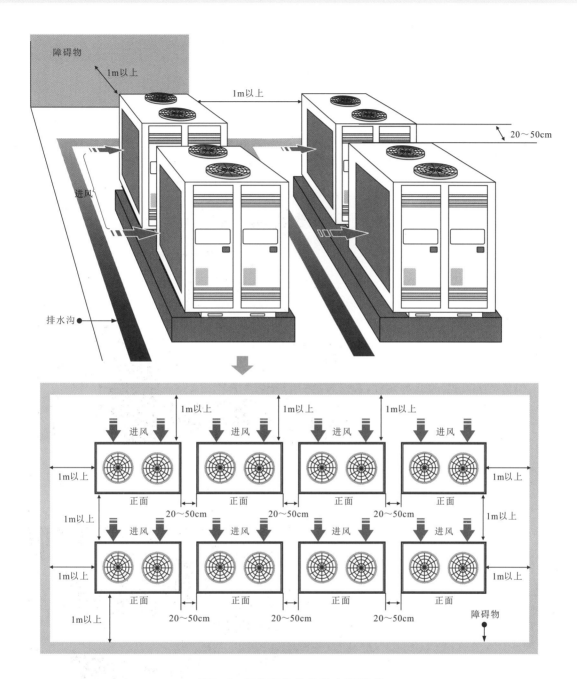

图5-6 多台室外机多排安装要求

表5-1 距相邻门窗的距离与室外机制冷额定功率的关系

制冷额定功率	距离
制冷额定功率≤2kW	至少相距3m
2kW＜制冷额定功率≤5kW	至少相距4m
5kW＜制冷额定功率≤10kW	至少相距5m
10kW＜制冷额定功率≤30kW	至少相距6m

5.1.2 风冷式中央空调室外机的固定

风冷式中央空调室外机的体积较大且很重，安装时，一般借助适当吨数的叉车或吊车进行搬运和吊装。

如图5-7所示，借助吊车搬运室外机时应使用具有一定称重系数的帆布吊带（可避免刮伤室外机外壳），将帆布吊带绕过室外机底座并捆紧。

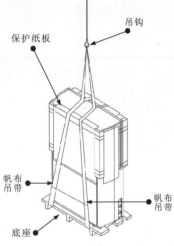

图5-7 风冷式中央空调室外机的搬运

图5-8为风冷式中央空调室外机的安装效果。

风冷式中央空调室外机搬运到位后，将其放置到预先浇注好的混凝土基座上，机身四角通过螺栓固定，对螺栓进行二次浇注后，完成室外机的安装。

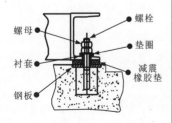

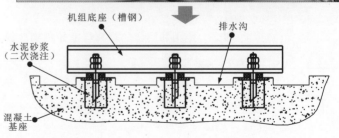

图5-8 风冷式中央空调室外机的安装效果

水冷式中央空调冷水机组的安装

　　水冷式中央空调冷水机组不同于一般的设备，体积大，质量大，毛细管分布致密，系统密闭，搬运过程要求高。

5.2.1 水冷式中央空调冷水机组的安装要求

　　冷水机组是水冷式中央空调系统的核心部分，安装前，应根据设计图纸全面检查冷水机组是否符合要求，如图5-9所示。

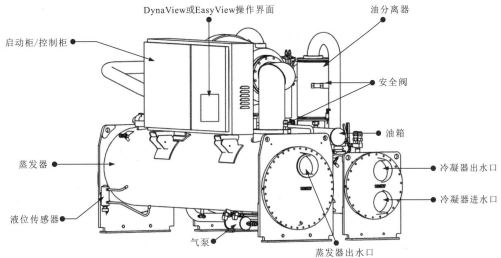

（a）冷水机组前视图

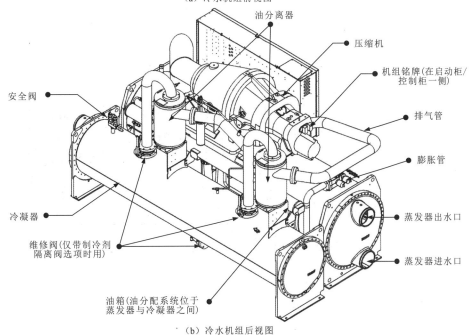

（b）冷水机组后视图

图5-9　水冷式中央空调冷水机组的结构

水冷式中央空调冷水机组实施安装作业前，要首先了解基本的安装要求，根据要求安装冷水机组非常重要，安装是否合理将直接影响整个中央空调的工作效果。

1 冷水机组安装基座的要求

冷水机组安装基座必须是混凝土或钢制结构，必须能够承受冷水机组及附属设备、制冷剂、水等的运行，如图5-10所示。冷水机组安装基座的平面应水平。

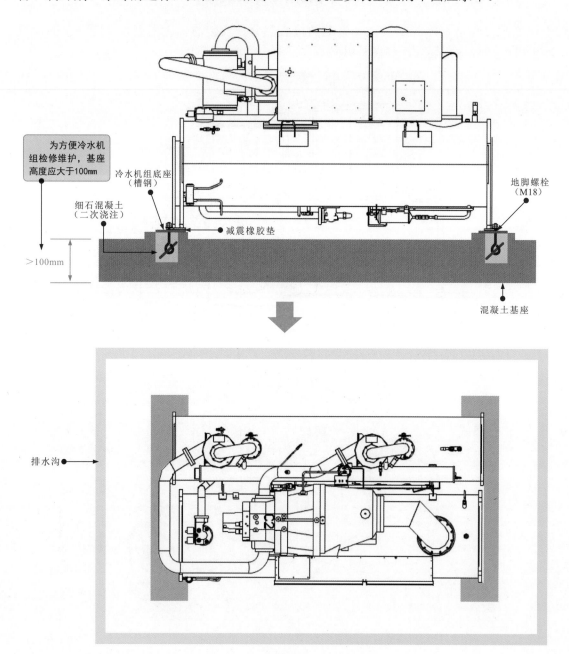

图5-10 冷水机组安装基座的要求

2 冷水机组预留空间的要求

冷水机组周围必须留有足够的空间，以方便起吊安装和后期的维修、养护，如图5-11所示。冷水机组电路的控制箱安装在前部，前部预留空间必须大于箱门半径。

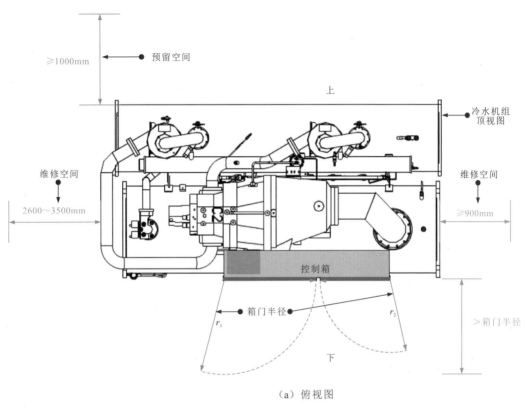

（a）俯视图

（b）前视图　　　　　　　　　　（c）侧视图

图5-11　冷水机组预留空间的要求

安装冷水机组除了要求制作安装基座、预留空间，还要求安装环境的合理性，例如应避免接近火源、易燃物，避免暴晒、雨淋，避免腐蚀性气体或废气影响，要有良好的通风空间，少灰尘，温度不超过40℃，在湿度较大、温度较高的地方，应安装到机房内。

5.2.2 水冷式中央空调冷水机组的吊装

水冷式中央空调冷水机组的体积和重量较大，安装时一般借助大型起重设备吊装到选定的安装位置上。起吊冷水机组时，吊绳可以安装在冷水机组的起吊孔（壳管换热器）上；有钢底座或木底座的冷水机组，吊绳可安装在底座的起吊孔上。切忌将吊绳安装在压缩机的任何位置上起吊，也不可用吊绳缠绕压缩机、壳管换热器等。

图5-12为冷水机组的吊装方法。

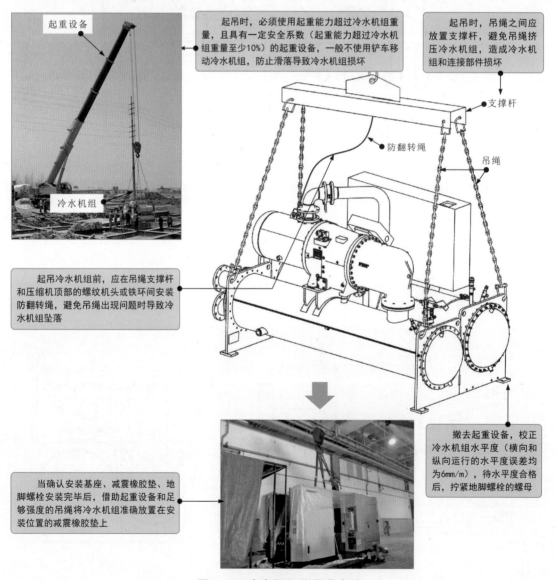

起重设备

冷水机组

起吊时，必须使用起重能力超过冷水机组重量，且具有一定安全系数（起重能力超过冷水机组重量至少10%）的起重设备，一般不使用铲车移动冷水机组，防止滑落导致冷水机组损坏

起吊时，吊绳之间应放置支撑杆，避免吊绳挤压冷水机组，造成冷水机组和连接部件损坏

支撑杆

防翻转绳

吊绳

起吊冷水机组前，应在吊绳支撑杆和压缩机顶部的螺纹机头或铁环间安装防翻转绳，避免吊绳出现问题时导致冷水机组坠落

撤去起重设备，校正冷水机组水平度（横向和纵向运行的水平度误差均为6mm/m），待水平度合格后，拧紧地脚螺栓的螺母

当确认安装基座、减震橡胶垫、地脚螺栓安装完毕后，借助起重设备和足够强度的吊绳将冷水机组准确置在安装位置的减震橡胶垫上

图5-12 冷水机组的吊装方法

水冷式中央空调冷水机组的吊装注意事项：

◆ 吊装时，一般借助冷水机组提供的吊点进行吊运。若冷水机组没有提供吊点，则吊装时应注意，吊绳不得结扎在冷水机组的连接管口、通风机的转子、机壳或轴承盖的吊环上。

◆ 吊装时，应在吊绳和冷水机组表面接触处垫木块或橡胶垫。

◆ 在冷水机组就位前，应按设计方案并依据安装位置建筑物的轴线、边缘线及标高线画出安装基准线，将冷水机组安装基座表面的油污、泥土杂物及地脚螺栓预留孔内的杂物清除干净。

◆ 吊装时，将冷水机组直接放在处理好的基座上。若有轻微晃动或不平，则可用垫铁找平。垫铁一般放在地脚螺拴的两侧，必须成对使用。冷水机组安装好后，同一组垫铁应焊在一起，以免受力时松动。

◆ 冷水机组若安装在无减震支架上，则应在冷水机组与基座之间垫4～5mm厚的橡胶板，找正找平后固定。

◆ 冷水机组若安装在有减震器的基座上，则地面要平整，各组减震器承受的荷载压缩量应均匀。

5.3 多联式中央空调室外机的安装

5.3.1 多联式中央空调室外机的安装要求

多联式中央空调室外机的安装情况直接决定换热效果的好坏，对中央空调高性能的发挥起着关键的作用，为避免由于室外机安装不当造成的不良后果，对室外机的安装位置、固定方式和连接方法也有一定的要求。

安装位置的要求

多联式中央空调室外机应安装在通风良好且干燥的地方，不应安装在多尘、多污染、多油污或含硫等有害气体成分高的地方及空间狭小的阳台或室内，噪声及排风不应影响附近居民。图5-13为多联式中央空调室外机的安装效果。

图5-13 多联式中央空调室外机的安装效果

1 若室外机前面遮挡物高度超过1500mm，则室外机前面与遮挡物之间至少预留（500+h_2/2）mm的维修空间。

2 若室外机顶部距离遮挡物少于1500mm，应在出风口设置导风装置。

3 若室外机后面遮挡物的高度超过500mm，则后面与遮挡物之间至少需要预留（300+h_1/2）mm的维修空间。

若室外机前、后没有墙或遮挡物，则前面需要预留最少500mm、后面需要预留最少300mm的维修空间。

2 安装空间要求

图5-14为多联式中央空调室外机的安装空间要求。

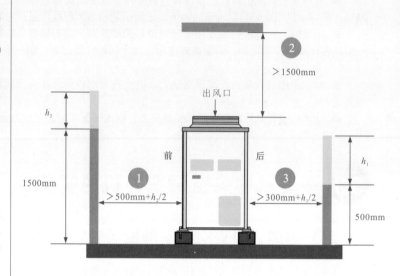

图5-14 多联式中央空调室外机的安装空间要求

需要注意的是，不同品牌、型号和规格的多联式中央空调室外机对安装空间的具体要求不同，在实际安装时，必须根据实际室外机的安装说明和要求确定安装空间。图5-15为水平出风单台室外机和顶部出风单台室外机的安装空间要求。

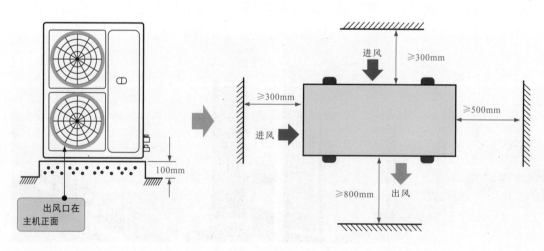

（a）水平出风单台室外机

图5-15 水平出风单台室外机和顶部出风单台室外机的安装空间要求

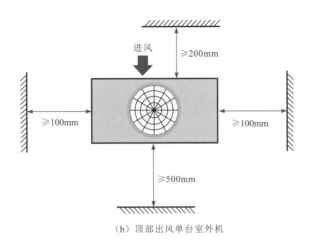

（b）顶部出风单台室外机

图5-15　水平出风单台室外机和顶部出风单台室外机的安装空间要求（续）

多联式中央空调室外机可以单台工作，也可以由多台构成机组协同工作，不同组合形式时，室外机的安装空间有不同的要求。图5-16为多联式中央空调单台室外机的安装空间要求。

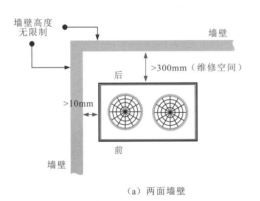

（a）两面墙壁

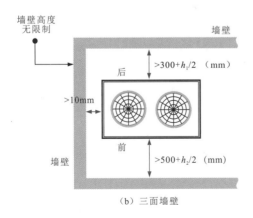

（b）三面墙壁

图5-16　多联式中央空调单台室外机的安装空间要求

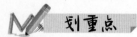

图5-17为多联式中央空调两台室外机的安装空间要求。

① 两台室外机后面和一侧有墙壁时，后面至少预留300mm的维修空间。

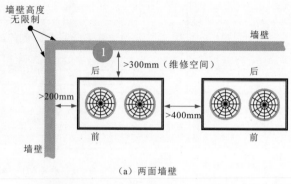

（a）两面墙壁

② 两台室外机前后两面有墙壁时，前面预留维修空间与前面墙壁高度有关。

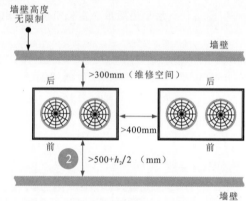

（b）前后两面墙壁

图5-17　多联式中央空调两台室外机的安装空间要求

图5-18为多联式中央空调多台室外机的安装空间要求。

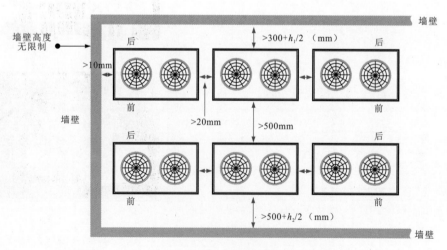

（a）多台室外机同向安装空间要求

图5-18　多联式中央空调多台室外机的安装空间要求

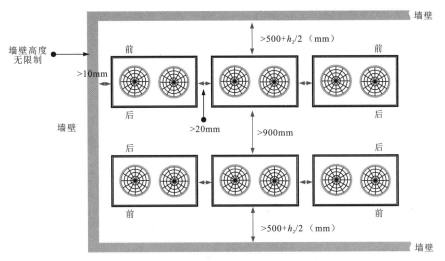

（b）多台室外机反向安装空间要求1

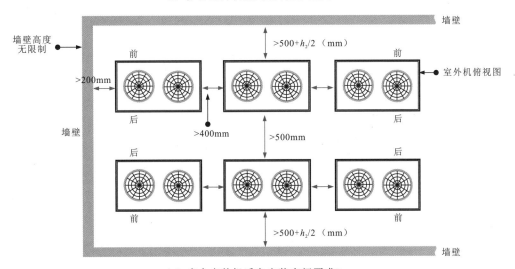

（c）多台室外机反向安装空间要求2

图5-18　多联式中央空调多台室外机的安装空间要求（续）

　　如图5-19所示，当多台室外机同向安装时，一组最多允许安装6台，相邻两组之间的最小距离应不小于1m。若室外机安装在不同楼层时，则需要特别注意避免气流短路，必要时需要配置风管。

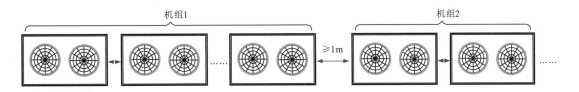

图5-19　室外机组的台数及机组与机组之间的距离要求

3 基座的设置要求

基座是承载和固定室外机的重要部分。基座的好坏及安装状态是影响多联式中央空调系统性能的重要因素。目前，多联式中央空调室外机基座主要有混凝土结构基座和槽钢结构基座。

① 混凝土结构基座

图5-20为混凝土结构基座的基本要求。

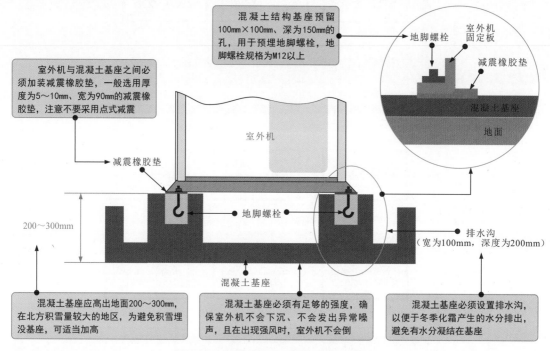

混凝土结构基座预留100mm×100mm、深为150mm的孔，用于预埋地脚螺栓，地脚螺栓规格为M12以上

地脚螺栓　室外机固定板　减震橡胶垫

混凝土基座　地面

室外机与混凝土基座之间必须加装减震橡胶垫，一般选用厚度为5～10mm、宽为90mm的减震橡胶垫，注意不要采用点式减震

减震橡胶垫

室外机

200～300mm

地脚螺栓

排水沟（宽为100mm，深度为200mm）

混凝土基座

混凝土基座应高出地面200～300mm，在北方积雪量较大的地区，为避免积雪埋没基座，可适当加高

混凝土基座必须有足够的强度，确保室外机不会下沉、不会发出异常噪声，且在出现强风时，室外机不会倒

混凝土基座必须设置排水沟，以便于冬季化霜产生的水分排出，避免有水分凝结在基座

图5-20　混凝土结构基座的基本要求

浇注混凝土结构基座时需要注意，混凝土结构基座的设置方向应该沿着多联式中央空调室外机底座的横梁，不可垂直于横梁，如图5-21所示。

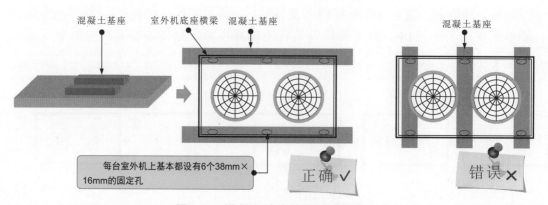

混凝土基座　　室外机底座横梁　混凝土基座　　　　混凝土基座

每台室外机上基本都设有6个38mm×16mm的固定孔

正确 ✓　　　　错误 ✗

图5-21　混凝土结构基座的设置方向

② 槽钢结构基座

室外机采用槽钢结构基座时，宜选择14#或更大规格的槽钢制作基座。槽钢上端预留有螺栓孔，用来与室外机固定连接。

图5-22为槽钢结构基座及相关要求。

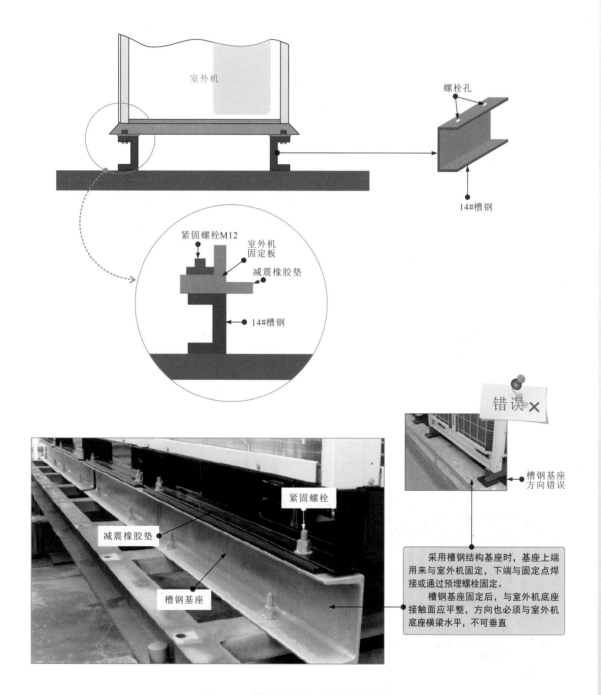

图5-22 槽钢结构基座及相关要求

5.3.2 多联式中央空调室外机的固定

多联式中央空调室外机的安装方法与风冷式中央空调室外机的安装方法基本相同，即采用起吊设备将室外机吊运到符合安装要求的位置，使用固定螺母、垫片固定即可。

图5-23为多联式中央空调室外机的固定方法。吊装时，注意吊绳位置不能损伤室外机，不能有掉落情况，使固定孔对准基座上的预埋螺栓，平稳放置到垫好减震橡胶垫的基座上。

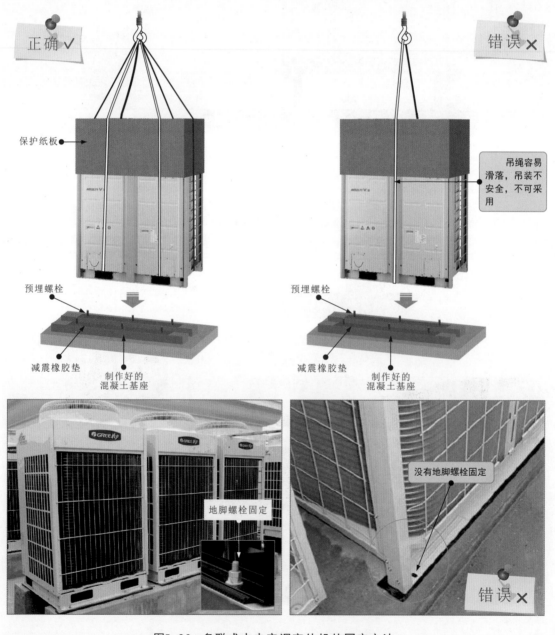

图5-23　多联式中央空调室外机的固定方法

第6章

室内末端设备的安装

6.1 风管机的安装与连接

6.1.1 风管机的安装

风管机通常采用吊装方式安装。当确定风管机的安装位置后，应当在确定的安装位置打孔，并将全螺纹吊杆固定，将吊架固定在全螺纹吊杆上，再将风管机固定在吊架上即可，如图6-1所示。

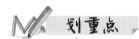

划重点

1 根据设计规划选定风管机的安装位置，并在选定的位置打孔。

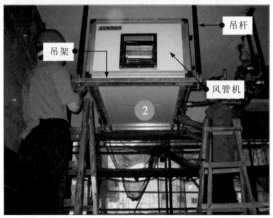

2 将风管机固定在吊架上。风管机较重，要保证吊架有一定的承重能力，工作人员要使用人字梯辅助安装。

图6-1 风管机机体的安装方法

6.1.2 风管机与风道的连接

风管机与风道的连接主要分为风管机送风口与风道的连接、风管机回风口与风道的连接两道工序。

图6-2为风道补偿器与风管机送风口和风道的连接方法。

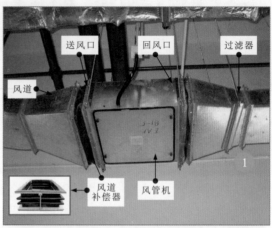

① 使用插接法兰条和钩码将风道补偿器的一端与风管机的送风口连接。

② 使用插接法兰条和钩码将风道补偿器与风道连接。

③ 连接示意图。

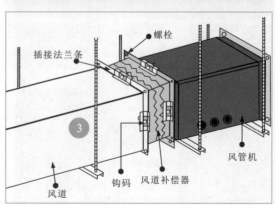

图6-2　风道补偿器与风管机送风口和风道的连接方法

图6-3为风管机回风口与过滤器的连接方法。

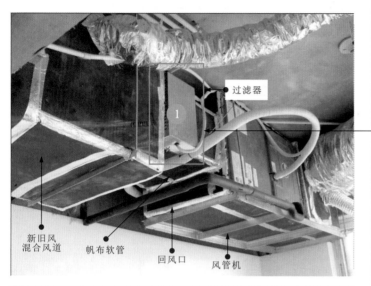

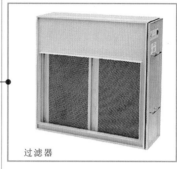

过滤器

1 过滤器主要用于风冷式风循环中央空调对新旧风混合风道送回的风进行过滤处理。

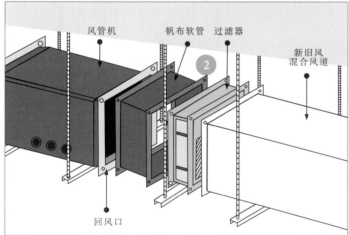

2 风管机的回风口通过帆布软管连接过滤器，再与新旧风混合风道连接。

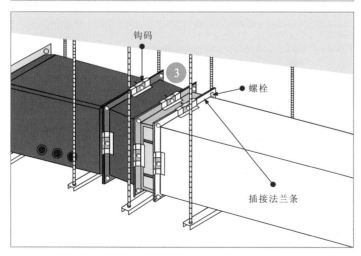

3 使用插接法兰条、钩码及螺栓道连接。

图6-3 风管机回风口与过滤器的连接方法

风机盘管的安装

风机盘管是风冷式水循环中央空调系统和水冷式中央空调系统中的室内末端设备。

风机盘管根据机型不同有卧式明装、卧式暗装、立式明装、立式暗装、吸顶式二出风、吸顶式四出风及壁挂式等多种安装方式。

下面以常见的卧式暗装风机盘管为例介绍安装要求和规范，如图6-4所示。

风机盘管是否带有回风箱由设计确定：当不带回风箱时，回风口直接安装在吊顶上，吊顶空间成为一个回风腔；当带回风箱时，安装在吊顶上的回风口通过风管与回风箱连接。

① 吊杆长度尺寸由水泥天花板高度决定。

② 最小距离为100mm，保证出水坡度。

③ 风机盘管由独立的吊杆、吊架固定。卧式暗装风机盘管在吊顶处应留有维修口。

④ 根据设计，需要连接送风管和回风管，连接部分多采用柔性软管连接，常用的是帆布软管或铝箔软管。

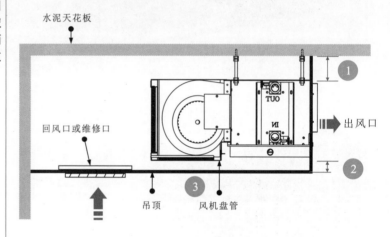

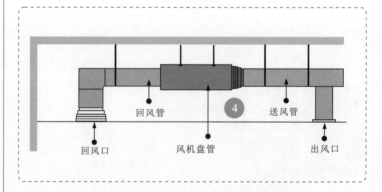

图6-4 卧式暗装风机盘管的安装要求和规范

卧式暗装风机盘管一般包括测量定位、安装吊杆、吊装风机盘管、连接水管路等环节。

6.2.1 测量定位

如图6-5所示，测量定位是指在安装风机盘管前，在选定的安装位置上，根据待安装风机盘管的尺寸画线，为下一环节做好定位。

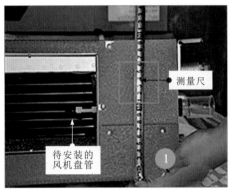

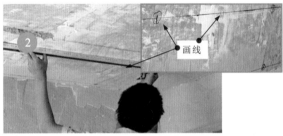

图6-5 卧式暗装风机盘管安装前的测量定位

6.2.2 安装吊杆

如图6-6所示，风机盘管采用独立的吊杆安装。安装吊杆需要先在画好的位置钻孔打眼、敲入膨胀螺栓，然后固定。

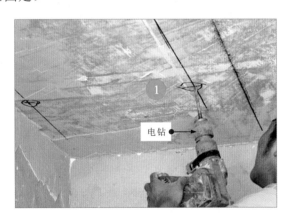

图6-6 卧式暗装风机盘管安装吊杆的固定

划重点

① 测量待安装风机盘管的尺寸，包括宽度、厚度、吊装孔间距等。

② 根据测量数据，在选定的安装位置画线，明确吊杆的安装位置。

① 在水泥天花板的画线标记处，使用电钻钻出四个孔。

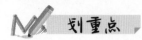

2 敲入膨胀螺栓。

3 在四个膨胀螺栓上分别安装四根全螺纹吊杆。

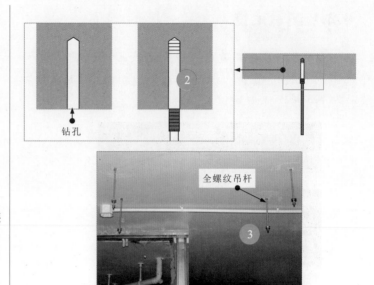

图6-6 卧式暗装风机盘管安装吊杆的固定(续)

6.2.3 吊装风机盘管

如图6-7所示,将风机盘管箱体托举到待安装位置,使四个安装孔对准四根全螺纹吊杆,将全螺纹吊杆穿入安装孔中,分别使用固定螺母、垫片将风机盘管的机体悬吊在四根全螺纹吊杆上,安装必须牢固可靠。

1 先在全螺纹吊杆上依次穿入吊杆螺母、垫片后,托举风机盘管箱体,将四根全螺纹吊杆分别穿入风机盘管箱体的四个安装孔内。

2 全螺纹吊杆穿入风机盘管安装孔后,依次放入垫片,拧紧吊杆螺母后,完成风机盘管的吊装。吊装时,为防止灰尘进入风机盘管出风口,需用布进行遮挡。

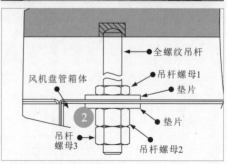

图6-7 风机盘管的吊装方法

如图6-8所示，风机盘管吊装的高度（全螺纹吊杆的长度）根据安装空间和设计需要决定，也可将风机盘管紧贴水泥天花板安装。

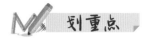

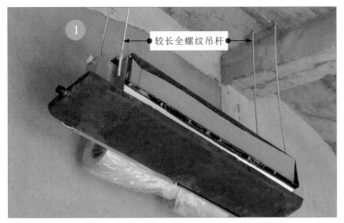

① 在比较高的空间，风机盘管可用较长的全螺纹吊杆吊装，以满足出风口出风量的能效。

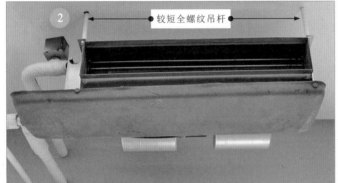

② 在比较低的空间，风机盘管可用较短的全螺纹吊杆吊装，以确保安装位置的可靠性和实用性。

③ 受安装空间高度限制或根据设计要求，也可以采用紧贴水泥天花板的方式安装。

图6-8 风机盘管的吊装高度

6.2.4 连接水管路

风机盘管箱体安装到位后，需将进、出水口和冷凝水口分别与进、出水管和冷凝水管连接。

图6-9为风机盘管与水管路连接示意图。为确保出水管、冷凝水管出水顺利，风机盘管出水侧应略低。

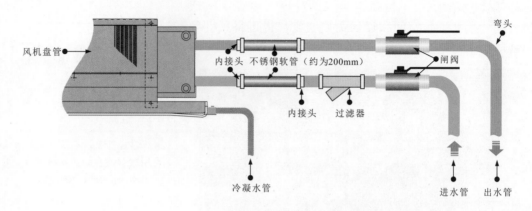

风机盘管
内接头 不锈钢软管（约为200mm）
闸阀
弯头
内接头 过滤器
冷凝水管
进水管 出水管

图6-9 风机盘管与水管路连接示意图

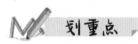

如图6-10所示，根据风机盘管与水管路的连接示意图，将风机盘管与水管路及相关的管路部件连接，拧紧接头，确保连接正确，牢固可靠。

① 将风机盘管进、出水口与进、出水管对准。

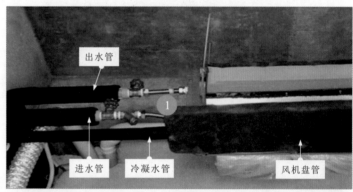

出水管

进水管 冷凝水管 风机盘管

② 将风机盘管的进水口与水管路的进水管连接。

风机盘管

图6-10 风机盘管与水管路的连接方法

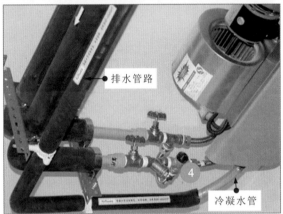

图6-10　风机盘管与水管路的连接方法(续)

图6-11为几种不同安装环境下，风机盘管的安装完成效果图。

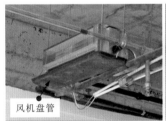

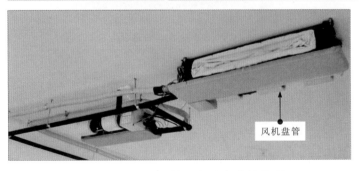

图6-11　风机盘管的安装完成效果图

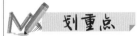

③ 将风机盘管的出水口与水管路的出水管连接。

④ 将风机盘管的冷凝水管与排水管路连接。

为防止风机盘管水管连接处结露，应将风机盘管的进、出水管进行绝热处理。

6.3 风管式室内机的安装

6.3.1 风管式室内机的安装位置

图6-12为风管式室内机的安装位置要求。

划重点

① 应尽量避免出风口正对床或沙发，应能够预留充分的检修空间。

② 无电气盒侧与墙面之间留有250mm以上的距离。

③ 电气盒侧与墙面之间留有500mm以上的距离。

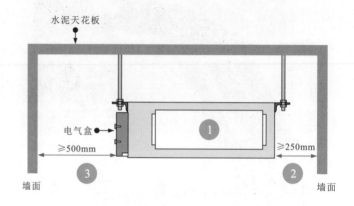

图6-12 风管式室内机的安装位置要求

6.3.2 风管式室内机的固定

风管式室内机一般采用吊杆悬吊的形式安装固定。安装时，同样需要先在确定好的安装位置画线定位、安装吊杆、固定机体等，如图6-13所示。

① 在确定好的安装位置上画线定位，标记钻孔位置。

② 使用电钻在标识处打孔。吊杆应选择全螺纹吊杆，以便调节高度，直径应不小于10mm。

吊杆配套使用的膨胀螺栓应为M10以上的产品，承重强度必须符合设计要求。

图6-13 风管式室内机的安装连接方法

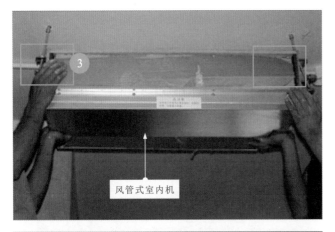

风管式室内机

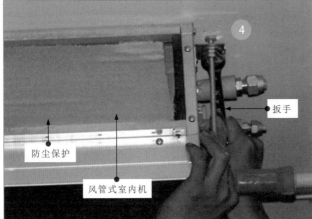

防尘保护

风管式室内机

扳手

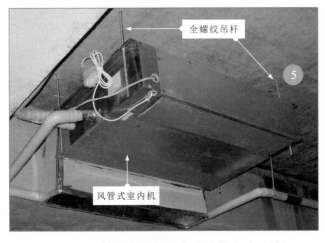

全螺纹吊杆

风管式室内机

图6-13 风管式室内机的安装连接方法（续）

划重点

③ 托举起风管式室内机，将全螺纹吊杆从风管式室内机的固定挂板孔穿出。

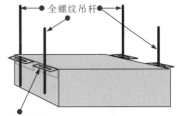

全螺纹吊杆

固定挂板孔

④ 将与全螺纹吊杆配套的垫片、两个螺母拧入穿过风管式室内机固定挂板孔的一端，使用扳手用力紧固。

⑤ 按照设计要求，逐一将四根全螺纹吊杆全部紧固完成，紧固过程需要兼顾吊装要求，使室内机距离水泥天花板高度符合要求（距离最短不可小于10mm），且整体保持水平。

　　风管式室内机安装完成后，也需要借助水平检测仪检测悬吊水平度，一般要求风管式室内机各个方向的水平度为-1°～+1°，排水管一侧稍低1～5mm，如图6-14所示。

使用水平检测仪检测风管式室内机各个方向的水平度，确保风管式室内机吊装水平（水平度为-1°～+1°，排水管一侧稍低1～5mm），否则需要微调吊杆紧固部位，使其完全处于水平状态。

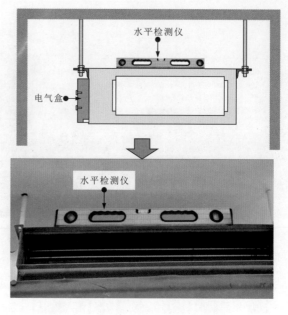

图6-14　风管式室内机水平测试

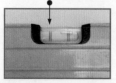

气泡偏移，不是水平状态

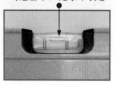

气泡居中，是水平状态

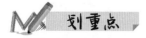

吊杆悬吊是安装中央空调系统室内机最常采用的一种形式，安装时，要求吊杆、膨胀螺栓必须严格选配符合要求的规格（M10以上的产品），并按照双螺母互锁的方式固定，如图6-15所示。

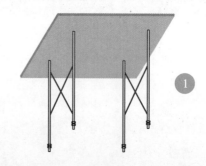

① 吊杆的承重强度必须足以承受至少2倍室内机重量；若吊杆长度超过1.5m，则需加装两条斜撑，用于防止晃动。

② 吊杆时，为防止吊杆脱落，吊杆与室内机机箱固定处必须使用双螺母锁定的固定方法。

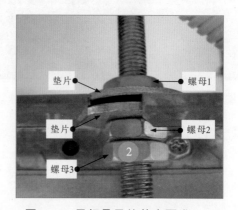

图6-15　吊杆悬吊的基本要求

6.3.3 风管式室内机的连接

风管式室内机与制冷剂管路之间多采用扩口连接方式连接。连接时，首先连接液管，然后连接气管，如图6-16所示。

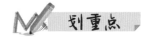

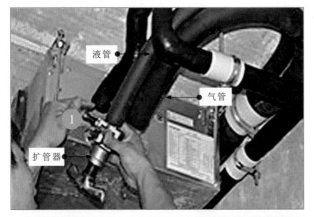

① 将待连接的液管和气管分别套上纳子，并借助扩管器将管口扩为喇叭口。

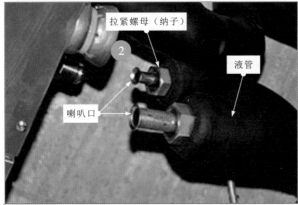

② 检查喇叭口符合连接要求，为制冷剂管路与室内机管路连接做好准备。

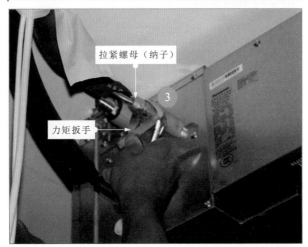

③ 将制冷剂管路的气管（粗）、液管（细）分别与室内机气管和液管连接，使用力矩扳手将纳子拧紧。

图6-16 风管式室内机与制冷剂管路的连接

6.3.4 风管式室内机的防尘保护

图6-17为风管式室内机常见的防尘保护措施。

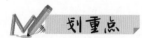

风管式室内机一般在室内装修前安装，安装完成后，必须进行防尘保护，即使用原包装袋或防尘布进行防尘。

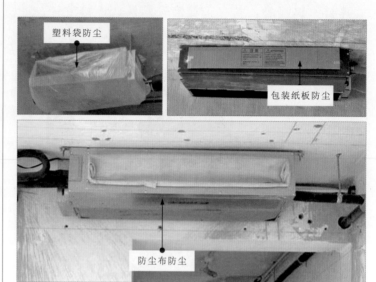

图6-17　风管式室内机常见的防尘保护措施

6.4 嵌入式室内机的安装

6.4.1 嵌入式室内机的安装位置

嵌入式室内机也是中央空调系统中常采用的一种室内机类型，安装时，应选择易于布置制冷剂管路和冷凝水管路的位置。

嵌入式室内机一般也是通过吊杆悬吊在水泥天花板上实现安装固定的。室内机安装位置应考虑室内空间位置和布局，选择空气流通良好的位置。

图6-18为嵌入式室内机的安装位置要求。

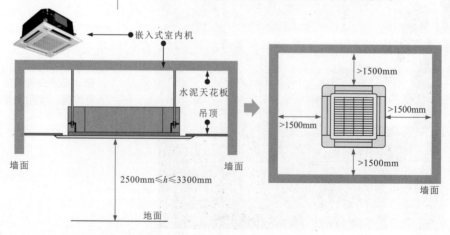

图6-18　嵌入式室内机的安装位置要求

6.4.2 嵌入式室内机的连接

安装嵌入式室内机也需要选定安装位置、定位画线、安装吊杆、吊装机体、防尘保护等。

图6-19为嵌入式室内机的连接方法。

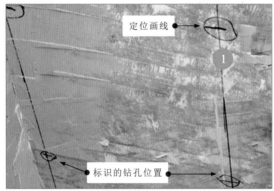

① 在选定的安装位置按照嵌入式室内机的实际尺寸定位画线，并标识钻孔位置。

② 使用电钻在钻孔位置钻孔，敲入膨胀螺栓，安装四根吊杆（全螺纹吊杆）。

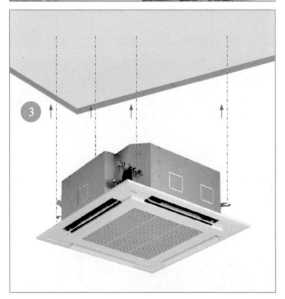

③ 将嵌入式室内机托举到安装位置，将四根吊杆穿入嵌入式室内机安装孔，放入垫片，用两个固定螺母紧固。

图6-19　嵌入式室内机的连接方法

图6-19　嵌入式室内机的连接方法（续）

④ 使用水平尺检测嵌入式室内机的安装是否保持水平。若倾斜度超出范围，则需要调节，使嵌入式室内机处于水平状态。

6.5 壁挂式室内机的安装

6.5.1 壁挂式室内机的安装位置

图6-20为壁挂式室内机的安装位置要求。

① 壁挂式室内机应安装在坚固的墙体上。

② 壁挂式室内机与墙体之间要保持至少50mm的间隔。

③ 壁挂式室内机与水泥天花板的距离要大于50mm。

④ 距离门窗应大于0.6m。

⑤ 距地面高度为1.8～2.2m。

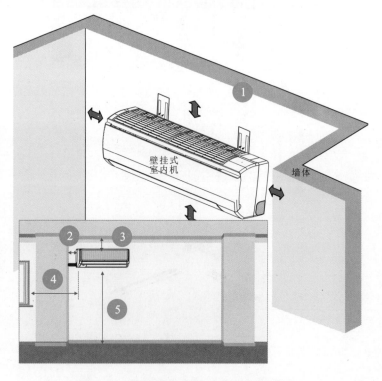

图6-20　壁挂式室内机的安装位置要求

6.5.2 壁挂式室内机的连接

壁挂式室内机的安装主要包括选择安装位置、画线定位、固定挂板、固定室内机等几个步骤。

1 选择安装位置和画线定位

如图6-21所示，在室内靠近外墙（便于与室外机连接）的位置选定室内机的位置，将室内机固定挂板放到选定位置，根据固定挂板安装孔标记固定孔位置。

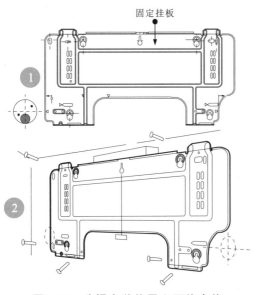

固定挂板

图6-21 选择安装位置和画线定位

2 固定挂板

如图6-22所示，在标记定位处钻孔打眼，安装和固定挂板。

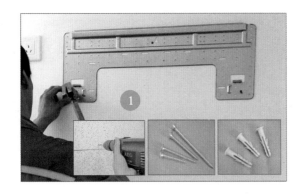

图6-22 壁挂式室内机挂板的固定方法

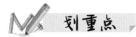
划重点

1 将固定挂板放置在安装区域内，并用铅笔在需要打孔的部位做好标记。

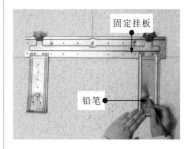

固定挂板

铅笔

2 将固定挂板上的所有安装孔都标记在预定的安装区域内。

1 使用电钻在画线标记处打孔，安装胀管，将挂板的固定孔与胀管对准，用固定螺钉固定挂板。

中央空调维修自学宝典

图6-22 壁挂式室内机挂板的固定方法(续)

② 使用水平尺检测挂板的安装是否水平，在正常情况下，出水口一侧应略低2mm左右。

3 固定室内机

固定壁挂式室内机时，需先将引出的制冷剂管路与冷凝水管加工处理，使其能够与系统制冷剂管路和冷凝水管连接，然后将机体挂到挂板上即可，如图6-23所示。根据实际安装位置，将壁挂式室内机制冷剂管路从方便与系统制冷剂管路连接的一端引出。

① 由壁挂式室内机蒸发器引出的制冷剂管路、冷凝水管。

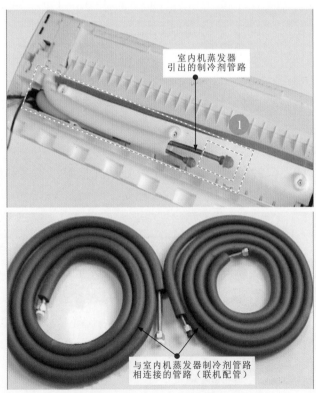

图6-23 壁挂式室内机管路的加工处理

186

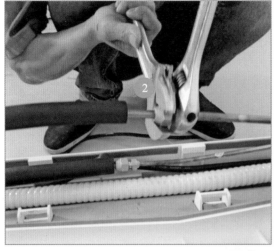

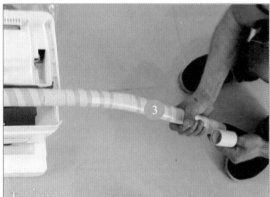

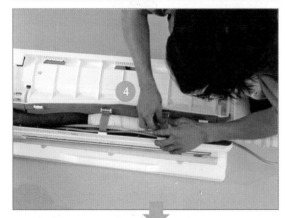

划重点

② 将从壁挂式室内机引出的管路与延长管路采用纳子连接。

③ 使用维尼龙胶带将套好保温材料的管路（气管和液管）缠绕包裹在一起。

④ 用卡带将管路、冷凝水管、电源线固定。

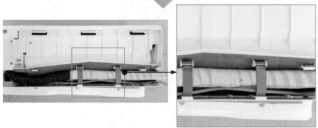

图6-23　壁挂式室内机管路的加工处理（续）

图6-24为壁挂式室内机的固定。

1 将待连接管路大部分送出室外后，将壁挂式室内机托举到挂板附近，使其背部卡扣对准固定好的挂板。

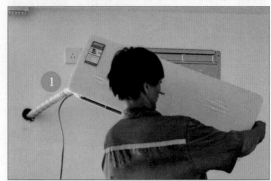

2 用手抓住壁挂式室内机的前端，将壁挂式室内机压向挂板，直到听到"咔嚓"声，表明壁挂式室内机牢固挂在固定挂板上了。

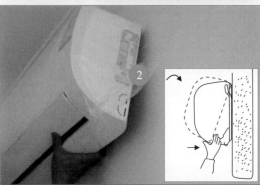

3 用密封胶泥将穿墙孔与管路之间的缝隙封严，安装好穿墙孔挡板。

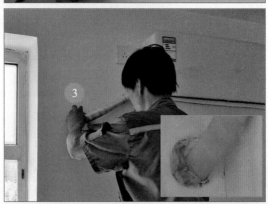

4 用水平尺检测壁挂式室内机安装的水平度（出水口侧略低）。

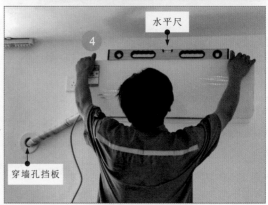

图6-24 壁挂式室内机的固定

第7章

常见故障检修分析

7.1 风冷式中央空调故障检修分析

7.1.1 高压保护故障检修分析

风冷式中央空调高压保护表现为系统不启动、压缩机不动作、显示高压保护故障代码。

图7-1为高压保护故障检修流程。

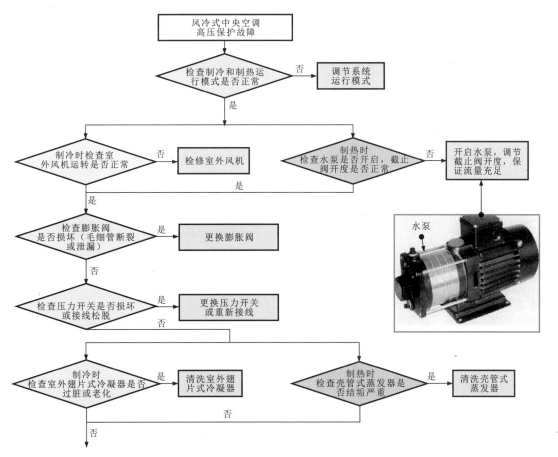

图7-1　高压保护故障检修流程

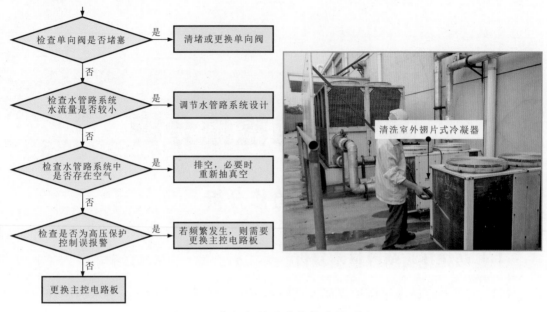

清洗室外翅片式冷凝器

图7-1 高压保护故障检修流程(续)

7.1.2 低压保护故障检修分析

图7-2为低压保护故障检修流程。

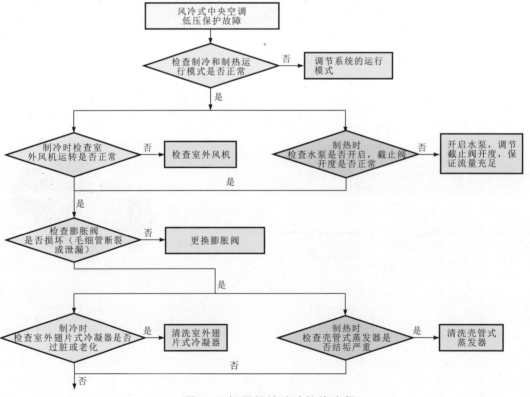

图7-2 低压保护故障检修流程

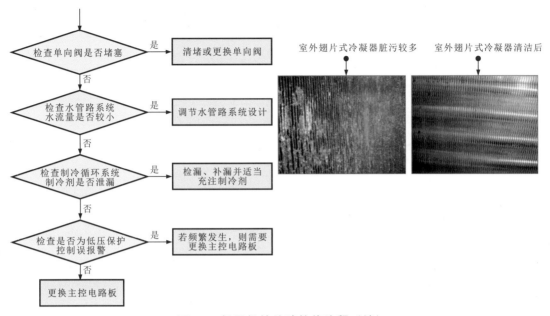

图7-2 低压保护故障检修流程（续）

7.2 水冷式中央空调故障检修分析

7.2.1 无法启动故障检修分析

水冷式中央空调无法启动主要表现为压缩机不启动、开机出现过载保护、过压保护、低压保护、缺相保护等，通常是由于管路部件和电路系统异常引起的。

水冷式中央空调无法启动主要可从缺相保护、压缩机不启动、过载保护及高压保护和低压保护五个方面进行排查。

1 缺相保护导致无法启动故障检修流程

图7-3为缺相保护导致无法启动故障检修流程。

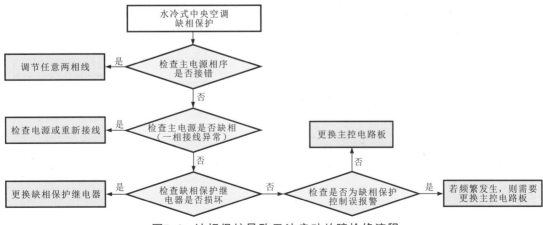

图7-3 缺相保护导致无法启动故障检修流程

2 压缩机不启动导致无法启动故障检修流程

图7-4为压缩机不启动导致无法启动故障检修流程。

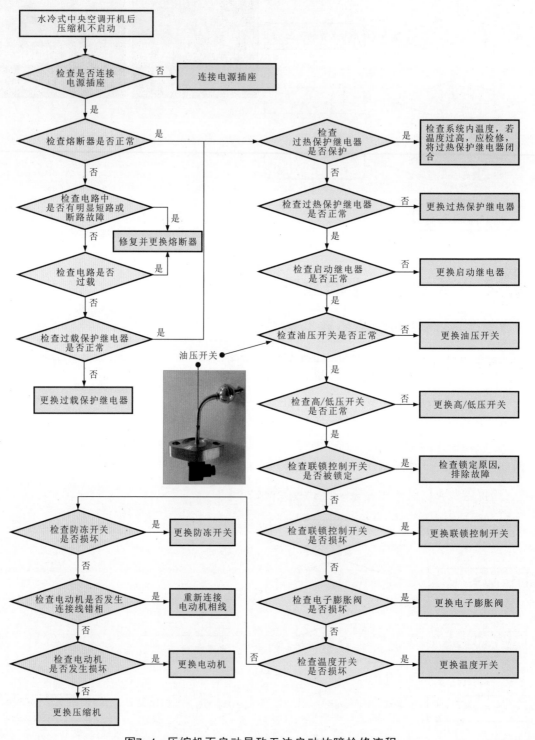

图7-4 压缩机不启动导致无法启动故障检修流程

3 过载保护导致无法启动故障检修流程

图7-5为过载保护导致无法启动故障检修流程。

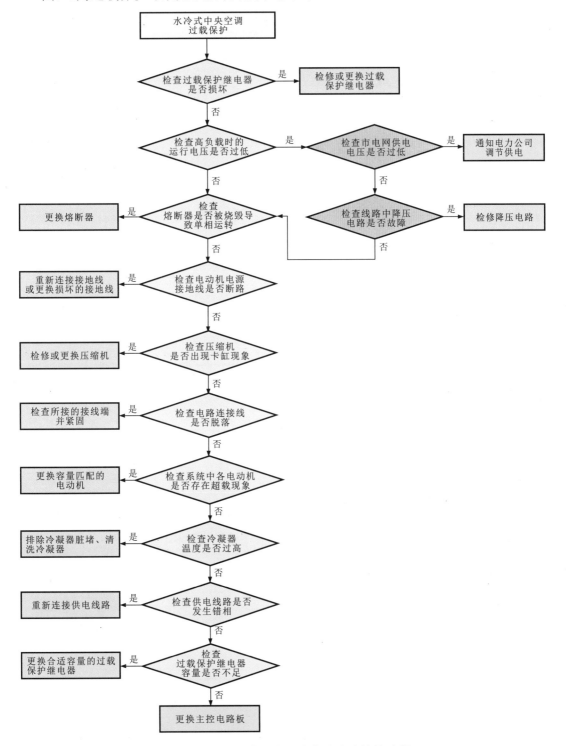

图7-5 过载保护导致无法启动故障检修流程

4 高压保护导致无法启动故障检修流程

图7-6为高压保护导致无法启动故障检修流程。

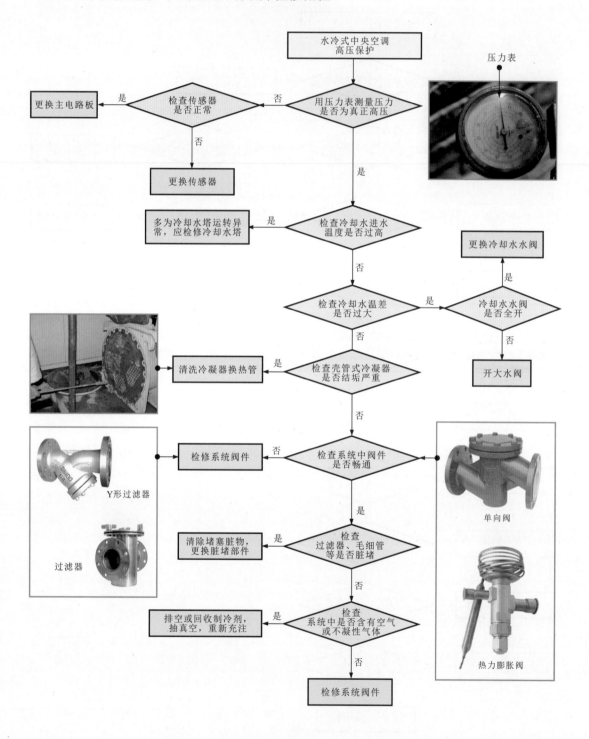

图7-6 高压保护导致无法启动故障检修流程

5 低压保护导致无法启动故障检修流程

图7-7为低压保护导致无法启动故障检修流程。

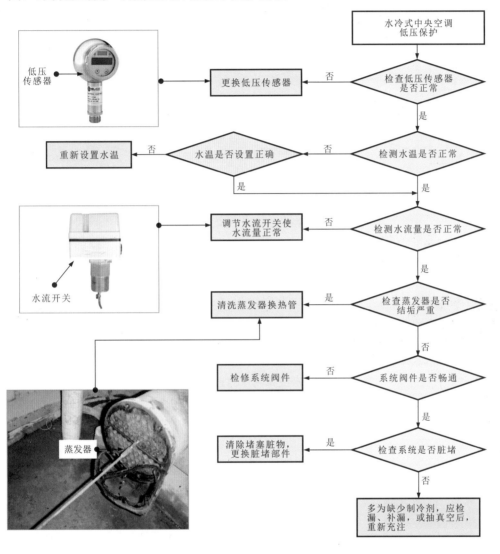

图7-7　低压保护导致无法启动故障检修流程

7.2.2 制冷或制热效果差故障检修分析

水冷式中央空调制冷或制热效果差主要表现为制冷时温度偏高、制热时温度偏低及压缩机进、排气口的压力过高或过低，多与管路系统及制冷剂的状态有关。

1 管路系统排气压力过高故障检修流程

图7-8为管路系统排气压力过高故障检修流程。

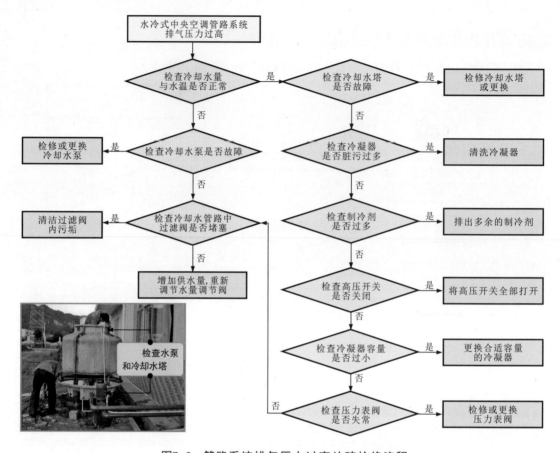

图7-8　管路系统排气压力过高故障检修流程

水冷式中央空调管路系统中压力十分重要。系统压力在运行时可分为高压和低压两部分。其中，高压段从压缩机的排气口至节流阀前，被称为蒸发压力；低压段为节流阀至压缩机的进气口部分，被称为冷凝压力。

蒸发压力和冷凝压力都在压缩机的吸、排气口检测，即通常所说的压缩机吸、排气压力。冷凝压力接近蒸发压力，两者之差就是管路的流动阻力。压力损失一般限制在0.018MPa以下。检测吸、排气压力的目的是要得到蒸发温度与冷凝温度，以此了解水冷式中央空调系统的运行状况。

水冷式中央空调系统运行时，排气压力与冷凝温度相对应，冷凝温度与冷却介质的流量、温度、冷负荷量等有关，检查时，应在排气管处安装一个排气压力表检测排气压力，以此作为故障分析的重要依据。

2　管路系统排气压力过低故障检修流程

图7-9为管路系统排气压力过低故障检修流程。

水冷式中央空调管路系统排气压力过低会引起系统制冷剂流量下降、冷凝负荷减小，使冷凝温度下降。吸气压力与排气压力有密切的关系。在一般情况下，吸气压力升高，排气压力也相应上升；吸气压力下降，排气压力也相应下降。

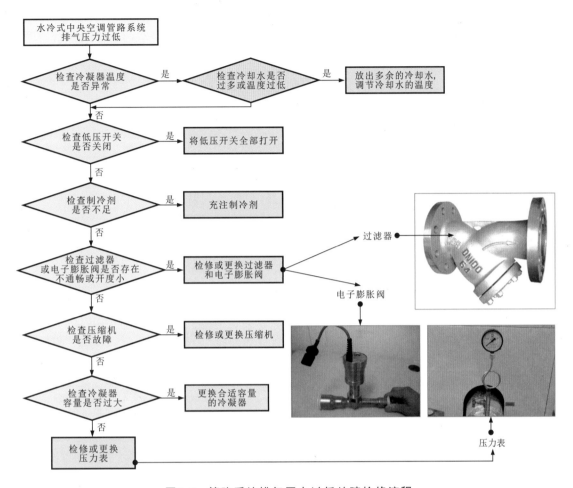

图7-9 管路系统排气压力过低故障检修流程

3 管路系统吸气压力过高故障检修流程

图7-10为管路系统吸气压力过高故障检修流程。

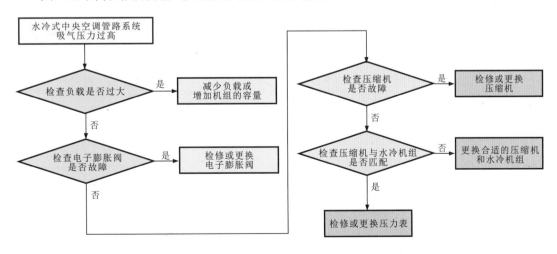

图7-10 管路系统吸气压力过高故障检修流程

4 管路系统吸气压力过低故障检修流程

图7-11为管路系统吸气压力过低故障检修流程。

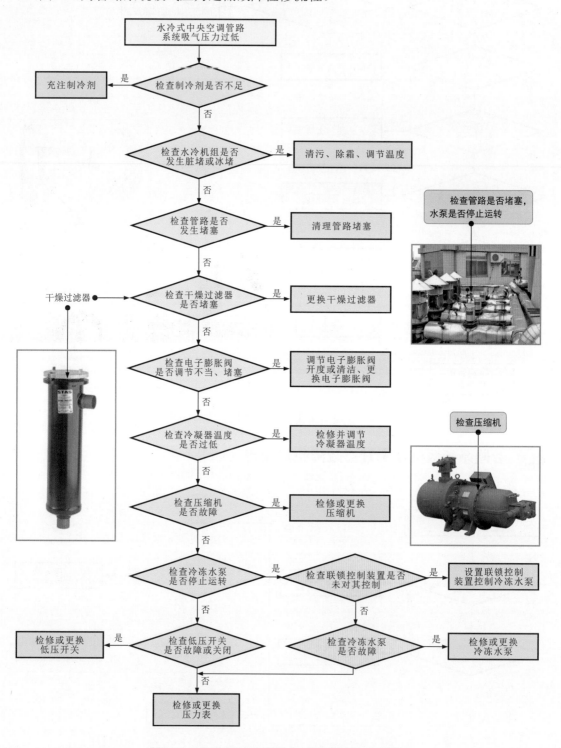

图7-11 管路系统吸气压力过低故障检修流程

在中央空调系统中，压力和温度都是检测的重要参数。

◇ 蒸发温度是液体制冷剂在蒸发器内沸腾气化时的温度。一般蒸发温度无法直接检测，需通过检测对应的蒸发压力而获得蒸发温度（通过查阅制冷剂热力性质表）。

◇ 冷凝温度是制冷剂的过热蒸气在冷凝器内放热后凝结为液体时的温度，也不能直接检测，需通过检测对应的冷凝压力获得（通过查阅制冷剂热力性质表）。

◇ 排气温度是压缩机排气口的温度（包括排气口接管的温度），检测排气温度必须有测温装置。排气温度受吸气温度和冷凝温度的影响。吸气温度或冷凝温度升高，排气温度也相应上升，因此要控制吸气温度和冷凝温度才能稳定排气温度。

◇ 吸气温度是压缩机吸气连接管的气体温度，检测吸气温度需要测温装置，检修调试时一般用手触摸估测。中央空调系统的吸气温度一般为15℃左右最佳，超过此值，对制冷效果有一定的影响。

7.2.3 压缩机工作异常故障检修分析

水冷式中央空调压缩机工作异常主要表现为压缩机无法停机、压缩机短时间内循环运转、压缩机有杂声或振动等。该类故障都与压缩机有关，主要由压缩机本身及关联部件引起。

1 压缩机无法停机故障检修流程

图7-12为压缩机无法停机故障检修流程。

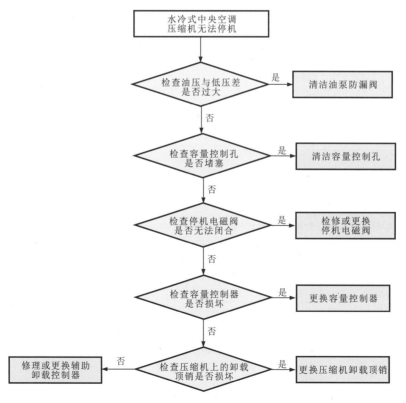

图7-12 压缩机无法停机故障检修流程

2 压缩机有杂声或振动故障检修流程

图7-13为压缩机有杂声或振动故障检修流程。

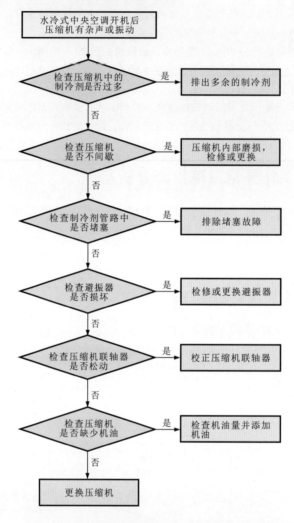

图7-13 压缩机有杂声或振动故障检修流程

3 压缩机短时间循环运转故障检修流程

图7-14为压缩机短时间循环运转故障检修流程。

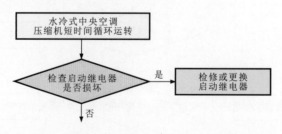

图7-14 压缩机短时间循环运转故障检修流程

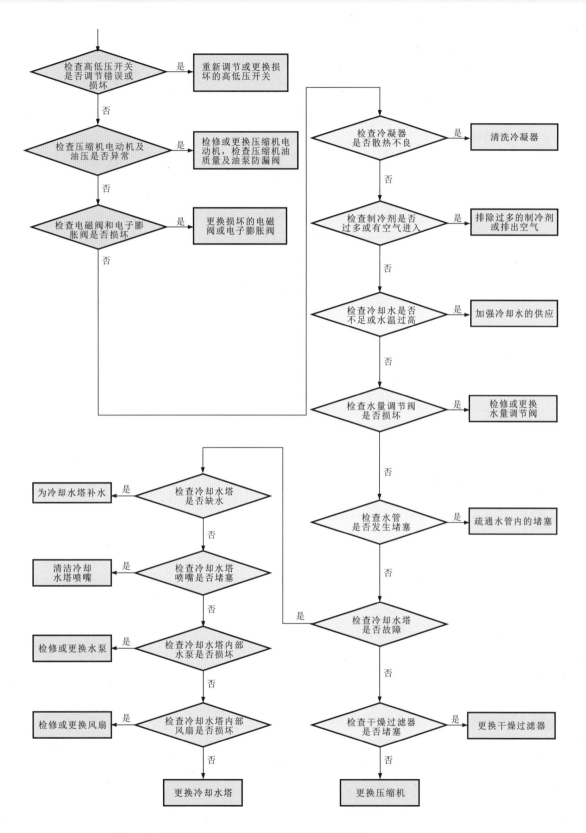

图7-14 压缩机短时间循环运转故障检修流程

7.2.4 运行噪声大故障检修分析

水冷式中央空调运行噪声大主要表现为室内风机噪声较大，通常是由风管系统引起的。

图7-15为运行噪声大故障检修流程。

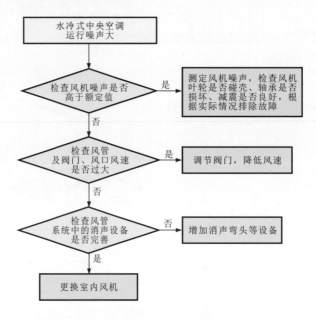

图7-15 运行噪声大故障检修流程

7.3 多联式中央空调故障检修分析

7.3.1 冷或制热异常的故障检修分析

多联式中央空调制冷或制热异常主要表现为不制冷或不制热、制冷或制热效果差等。

多联式中央空调系统通电后，开机正常，当设定温度后，压缩机开始运转，运行一段时间后，室内温度无变化。经检查，空调器送风口的温度与室内环境温度差别不大，由此可以判断空调器不制冷或不制热。

 不制冷或不制热故障检修流程

图7-16为不制冷或不制热故障检修流程。

 制冷或制热效果差故障分析流程

图7-17为制冷或制热效果差故障检修流程。

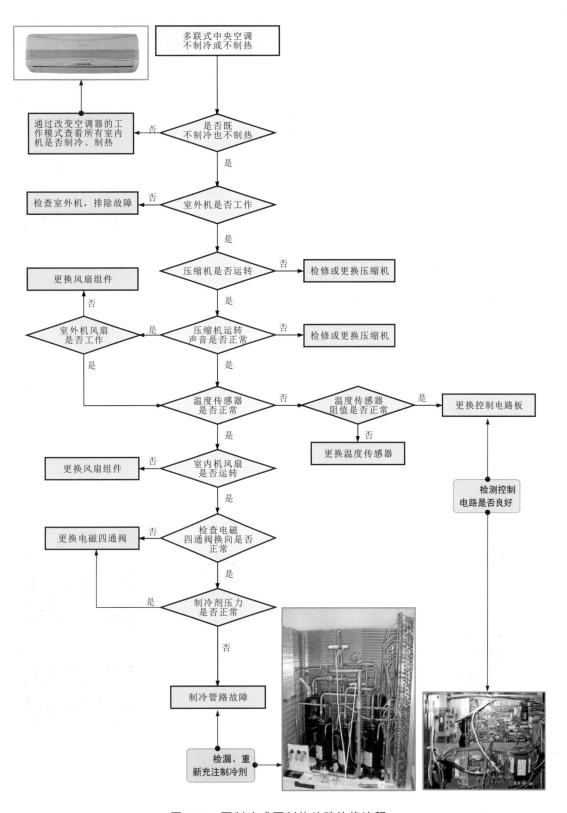

图7-16 不制冷或不制热故障检修流程

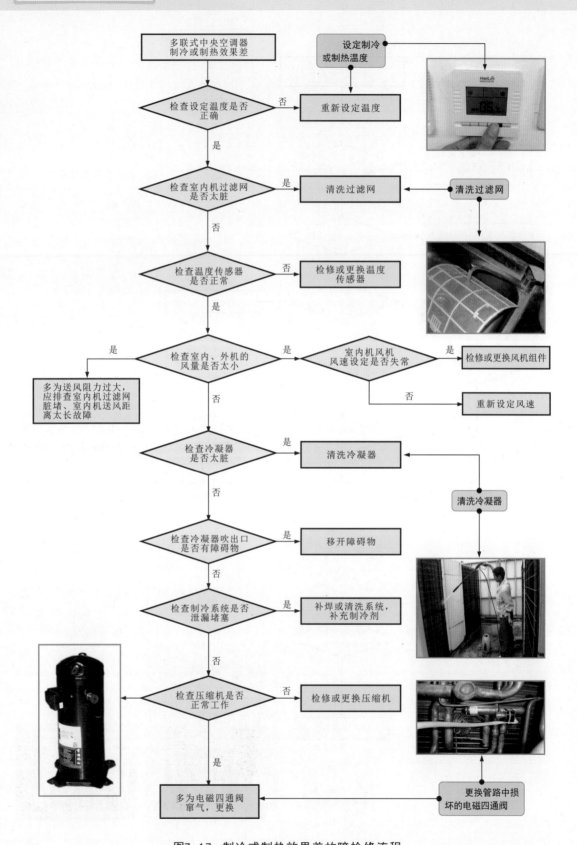

图7-17　制冷或制热效果差故障检修流程

7.3.2 不开机或开机保护故障检修分析

多联式中央空调不开机或开机保护主要表现为开机跳闸、室外机不启动、开机显示故障代码提示高压保护、低压保护、压缩机电流保护、变频模块保护等。

1 开机跳闸故障检修流程

图7-18为开机跳闸故障检修流程。

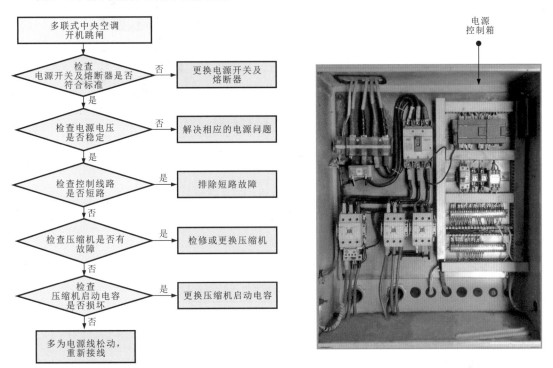

图7-18 开机跳闸故障检修流程

2 室内机可启动、室外机不启动故障检修流程

图7-19为室内机可启动、室外机不启动故障检修流程。

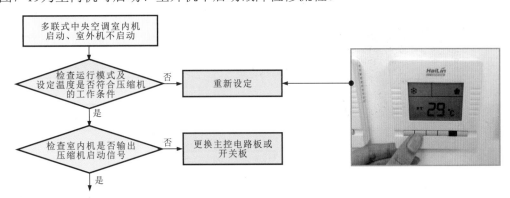

图7-19 室内机可启动、室外机不启动故障检修流程

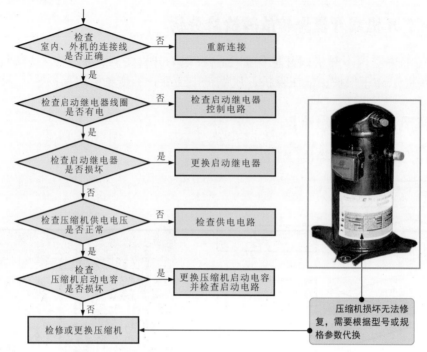

图7-19 室内机可启动、室外机不启动故障检修流程

3 开机显示故障代码检修流程

图7-20为几种常见故障代码指示故障检修流程。

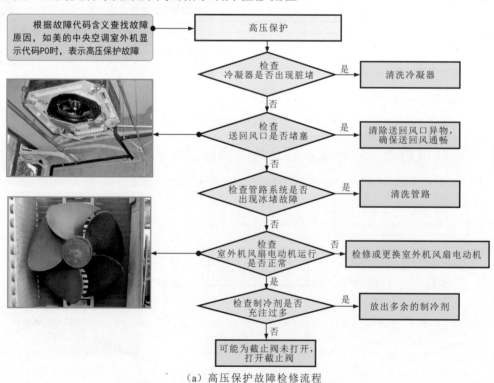

（a）高压保护故障检修流程

图7-20 几种常见故障代码指示故障检修流程

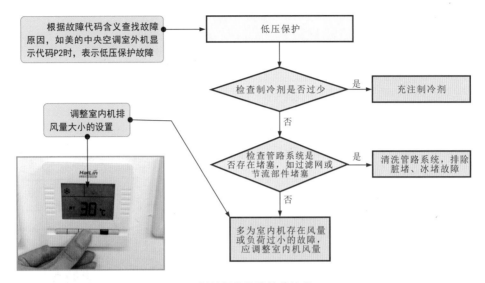

（b）低压保护故障检修流程

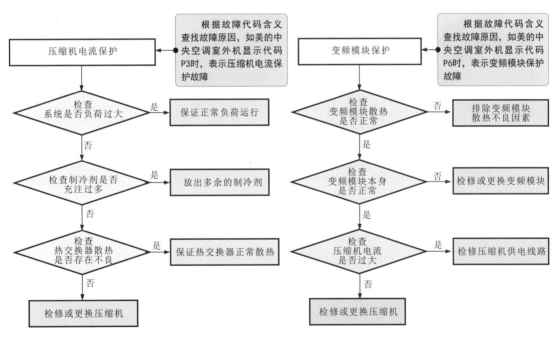

（c）压缩机电流保护故障检修流程　　　（d）变频模块保护故障检修流程

图7-20　几种常见故障代码指示故障检修流程（续）

7.3.3 压缩机工作异常故障检修分析

多联式中央空调压缩机工作异常主要表现为压缩机不运转、压缩机启/停频繁等，从而引起不制冷（或制热）或制冷（热）效果差的故障。出现该类故障通常是由于制冷系统或控制电路工作异常引起的，也有很小的可能是由于压缩机出现机械不良故障引起的。

1 压缩机不运转故障检修流程

图7-21为压缩机不运转故障检修流程。

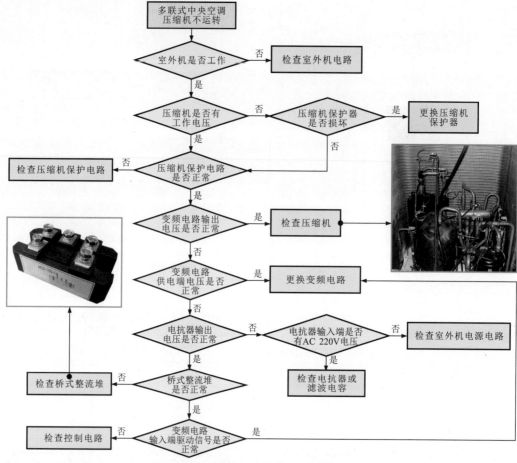

图7-21　压缩机不运转故障检修流程

2 压缩机启/停频繁故障检修流程

图7-22为压缩机启/停频繁故障检修流程。

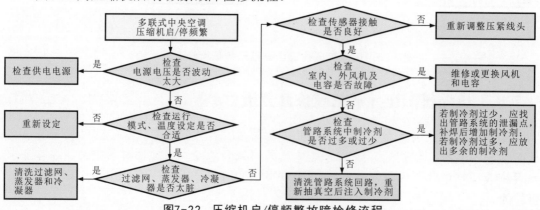

图7-22　压缩机启/停频繁故障检修流程

7.3.4 室外机组不工作故障检修分析

多联式中央空调室外机组不工作可能是由室外机通信故障、室外机相序错误、室外机地址错误等引起的。

1 室外机通信故障引起室外机不启动故障检修流程

图7-23为室外机通信故障引起室外机不启动故障检修流程。

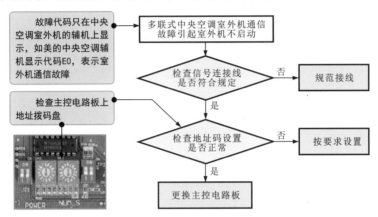

图7-23　室外机通信故障引起室外机不启动故障检修流程

2 室外机相序错误引起室外机不启动故障检修流程

图7-24为室外机相序错误引起室外机不启动故障检修流程。

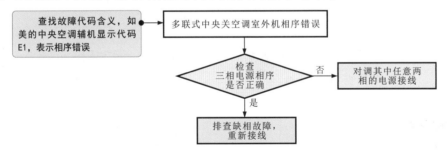

图7-24　室外机相序错误引起室外机不启动故障检修流程

3 室外机地址错误引起室外机不启动检修流程

图7-25为室外机地址错误引起室外机不启动故障检修流程。

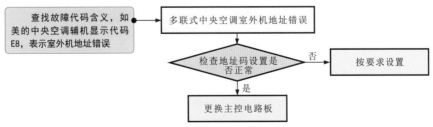

图7-25　室外机地址错误引起室外机不启动故障检修流程

第8章

管路系统检修

8.1 管路系统的结构和检修流程

8.1.1 管路系统的结构

中央空调管路系统是除电路部分以外的管路及管路上所连接各种部件的总和，是制冷剂和供冷（或供热）循环介质（水、风）流动的"通道"。

 风冷式风循环中央空调管路系统

图8-1为风冷式风循环中央空调管路系统，包括制冷剂循环系统及风道传输和分配系统两大部分。

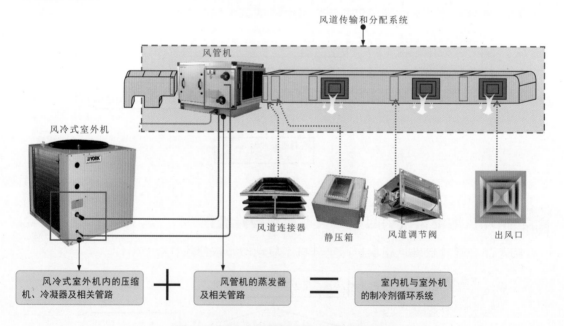

图8-1 风冷式风循环中央空调管路系统

风冷式风循环中央空调制冷剂循环系统由室内机的蒸发器和室外机的冷凝器、压缩机及相关闸阀组件构成，如图8-2所示。

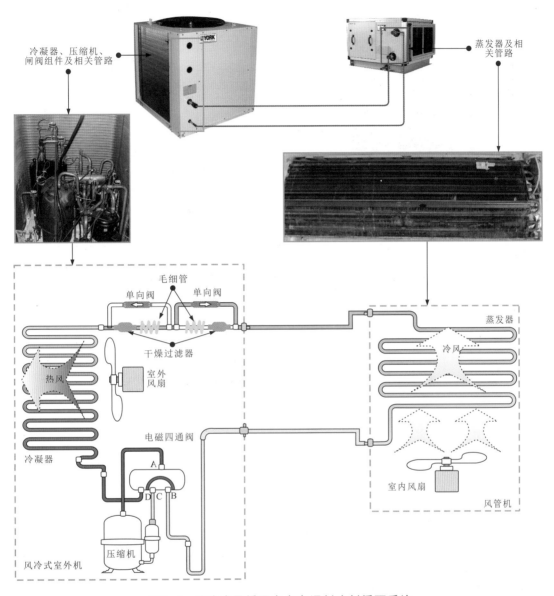

图8-2 风冷式风循环中央空调制冷剂循环系统

风冷式风循环中央空调风道传输和分配系统将制冷剂循环系统产生的冷量或热量送入室内实现制冷或制热，除基本的风道外，还包括处理部件，如静压箱、风量调节阀、出风口或回风口等。

2 风冷式水循环中央空调管路系统

图8-3为风冷式水循环中央空调管路系统，可将制冷量或制热量通过水管路送入室内实现热交换，除基本的制冷剂循环系统外，还包括水管路传输和分配系统。

风冷式水循环中央空调制冷剂循环系统设置在风冷机组（室外机）中，如图8-4所示。风冷机组设有壳管式蒸发器、翅片式冷凝器、压缩机和闸阀组件等部件。

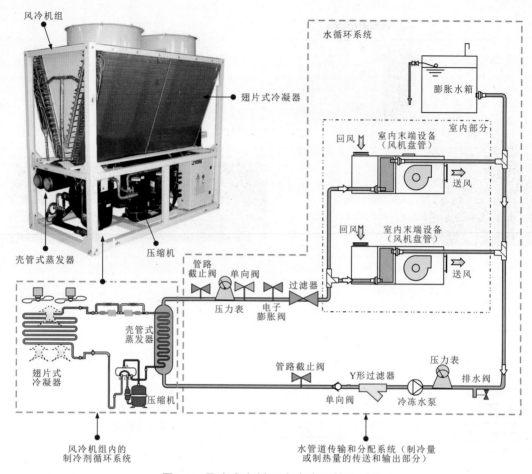

图8-3 风冷式水循环中央空调管路系统

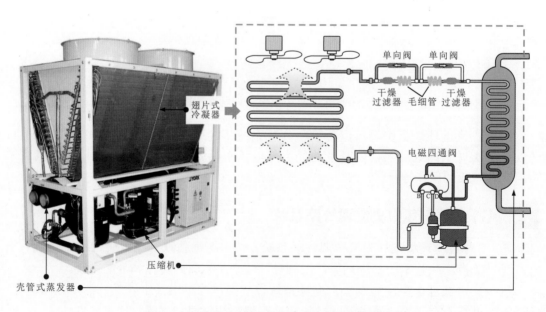

图8-4 风冷式水循环中央空调制冷剂循环系统

图8-5为风冷式水循环中央空调水管路传输和分配系统。风冷式水循环中央空调制冷剂循环系统产生的冷量或热量通过水管路传输和分配到室内末端设备。

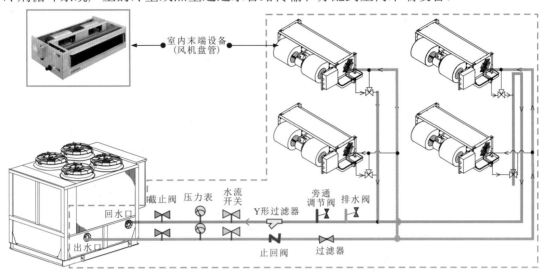

图8-5 风冷式水循环中央空调水管路传输和分配系统

3 水冷式中央空调管路系统

水冷式中央空调管路系统主要包括制冷剂循环系统和水管路循环系统两大部分。

图8-6为水冷式中央空调制冷剂循环系统，由壳管式蒸发器、壳管式冷凝器、压缩机和闸阀组件等构成，均安装在水冷机组中。

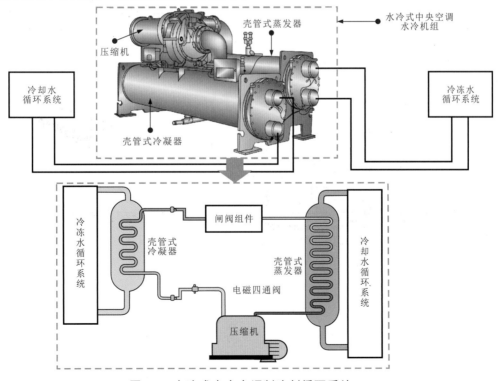

图8-6 水冷式中央空调制冷剂循环系统

在一般情况下，水冷式中央空调的蒸发器和冷凝器均采用壳管式的，压缩机多为离心式和螺杆式的。

图8-7为水冷式中央空调水管路循环系统。该系统主要是由冷却水塔、冷却水泵、水管路闸阀组件、膨胀水箱及室内末端设备等构成的。制冷剂循环系统中的各种热交换过程都是通过水管路循环系统实现的。

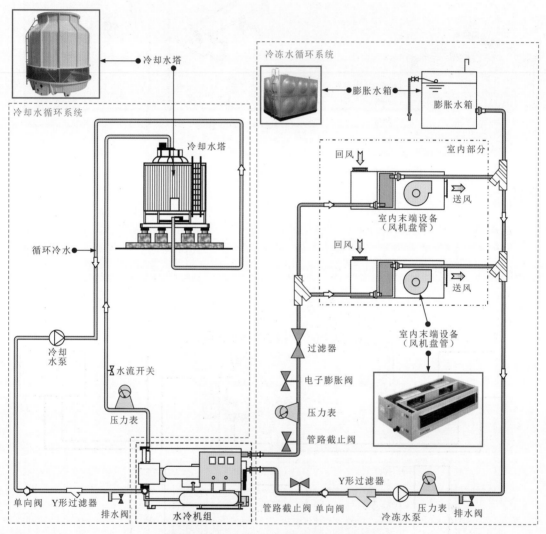

图8-7　水冷式中央空调水管路循环系统

4 多联式中央空调管路系统

图8-8为多联式中央空调管路系统。该系统主要是由室内机的蒸发器、室外机的冷凝器、压缩机、电磁四通阀、干燥过滤器、毛细管、单向阀及电子膨胀阀等部分构成的。

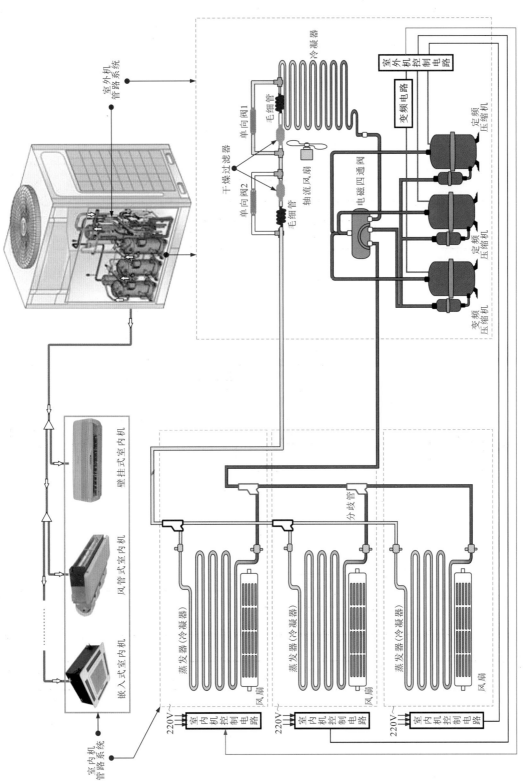

图8-8 多联式中央空调管路系统

215

8.1.2 管路系统检修流程

中央空调管路系统中任何一个部件不良都可能引起功能失常的故障，最终体现为制冷或制热功能失常或无法实现制冷或制热。当怀疑中央空调管路系统故障时，一般可从结构入手，分别针对不同范围内的主要部件进行检修。

图8-9为中央空调管路系统基本检修流程。

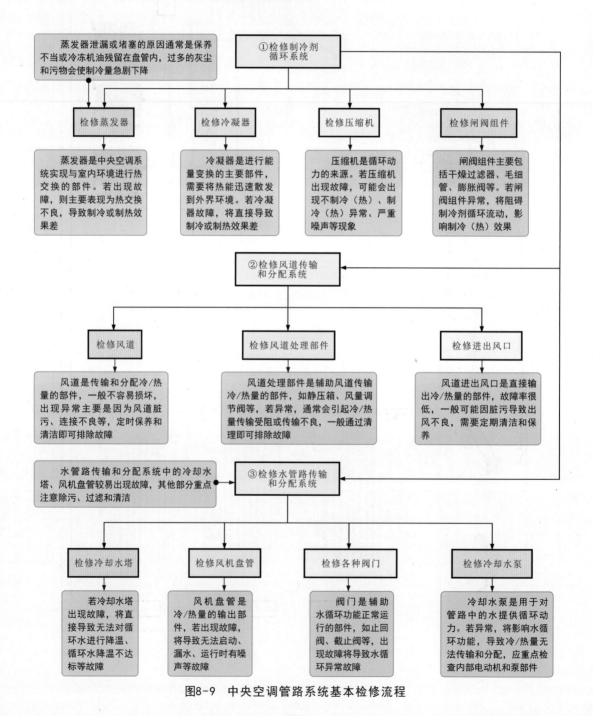

图8-9　中央空调管路系统基本检修流程

中央空调管路系统虽然结构有所区别，但基本的制冷剂循环系统基本类似。所不同的是，制冷剂循环系统产生冷量或热量后送入室内的载体不同，有的采用风管路传输和分配系统，有的采用水管路传输和分配系统。在实际检修时，应从主要的管路系统入手，即先排查制冷剂循环系统，再根据实际结构，进一步检修管路系统中的主要部件，逐步排查，找到故障点，排除故障。

8.2 压缩机的结构和检修代换

8.2.1 压缩机的结构

压缩机是中央空调制冷剂循环的动力源，可驱动管路系统中的制冷剂往复循环，通过热交换达到制冷或制热的目的。

涡旋式变频压缩机

如图8-10所示，多联式中央空调多采用涡旋式变频压缩机。这种压缩机的主要特点是驱动压缩机电动机的电源频率和幅度都是可变的。

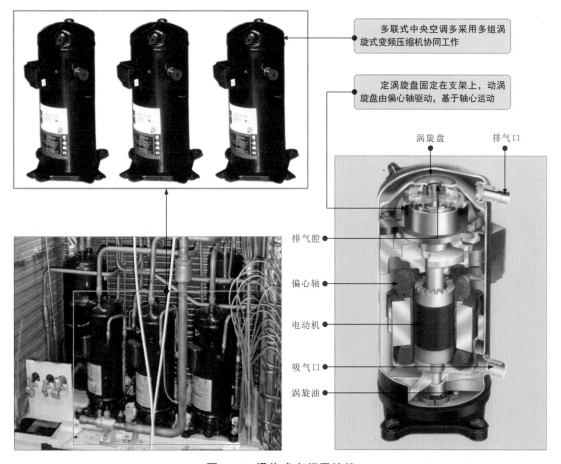

图8-10 涡旋式变频压缩机

涡旋式变频压缩机的工作原理如图8-11所示。

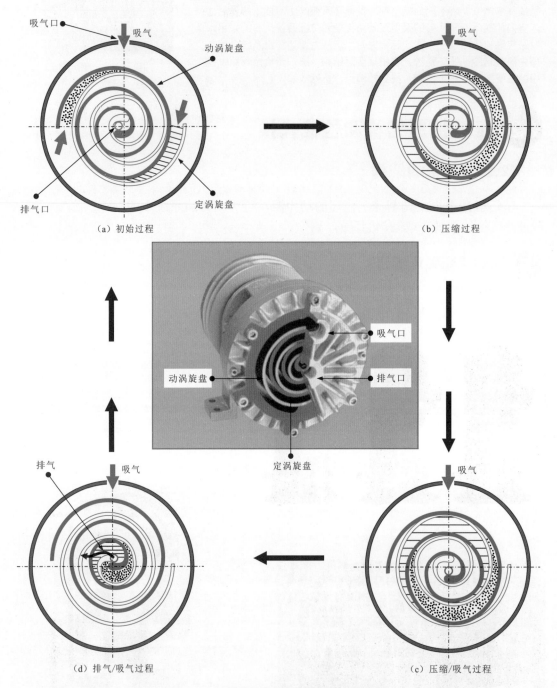

图8-11　涡旋式变频压缩机的工作原理

　　定涡旋盘作为定轴不动。动涡旋盘在电动机的带动下围绕定涡旋盘旋转，对压缩机吸入的制冷剂气体进行压缩，使气体受到挤压。当动涡旋盘与定涡旋盘相啮合时，内部空间不断缩小，使制冷剂气体压力不断增大，通过涡旋盘中心的排气口排出。

2 螺杆式压缩机

如图8-12所示，水冷式中央空调常采用螺杆式压缩机。这种压缩机是一种容积回转式压缩机。

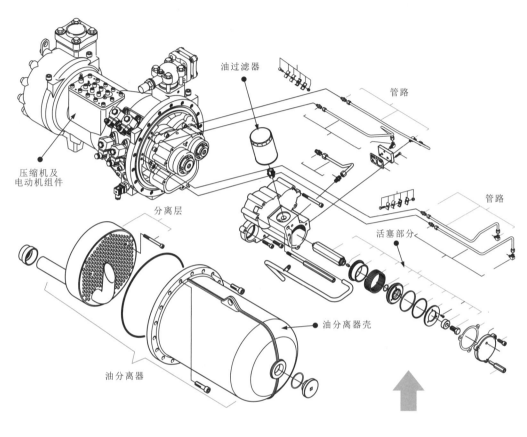

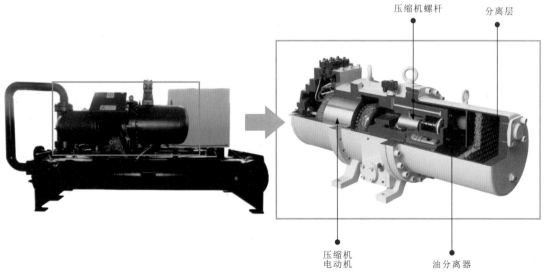

图8-12　螺杆式压缩机

螺杆式压缩机电动机的内部结构如图8-13所示。

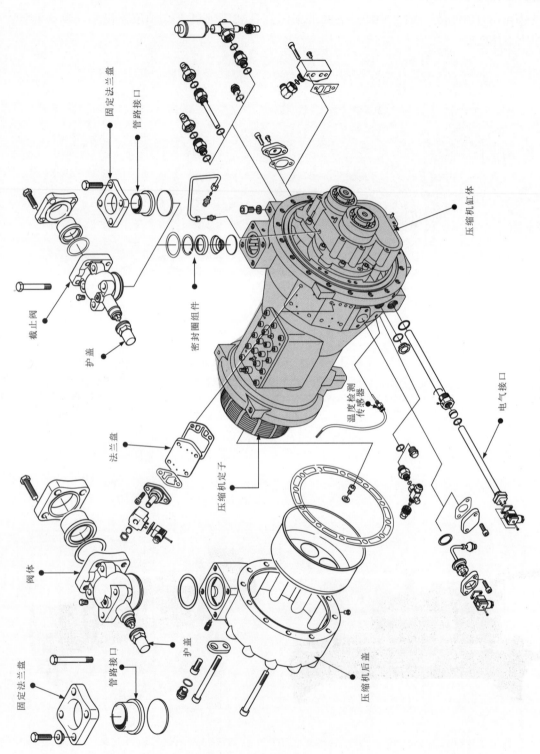

图8-13 螺杆式压缩机电动机的内部结构

固定法兰盘　管路接口　压缩机缸体　截止阀　护盖　密封圈组件　法兰盘　压缩机定子　温度检测传感器　电气接口　阀体　护盖　固定法兰盘　管路接口　压缩机后盖

图8-14为螺杆式压缩机缸体的内部结构。

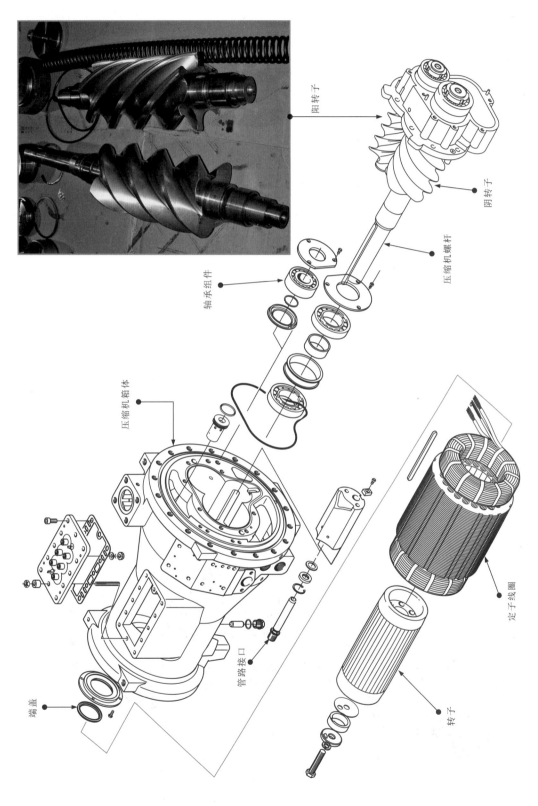

阳转子

阴转子

压缩机螺杆

轴承组件

压缩机箱体

管路接口

端盖

定子线圈

转子

图8-14 螺杆式压缩机缸体的内部结构

如图8-15所示，螺杆式压缩机主要是依靠啮合运动的阳转子和阴转子及其四周机壳内壁的空间完成工作的。当螺杆式压缩机开始工作时，吸气口吸气，经阳转子、阴转子的啮合运动对气体压缩，当压缩结束后，将气体由排气口排出。

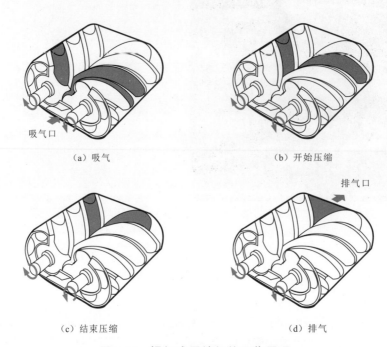

（a）吸气 吸气口

（b）开始压缩

（c）结束压缩

（d）排气 排气口

图8-15　螺杆式压缩机的工作原理

3 离心式变频压缩机

如图8-16所示，水冷式中央空调常采用离心式变频压缩机。该压缩机利用内部叶片高速旋转，由速度变化产生压力，具有单机容量大、承载负载能力高、低负载运行时出现间歇停止的功能。

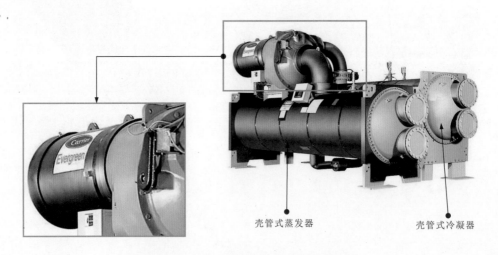

壳管式蒸发器　　壳管式冷凝器

图8-16　离心式变频压缩机的实物外形

8.2.2 压缩机的检测代换

压缩机是中央空调的核心部件，若出现故障，将直接导致中央空调出现不制冷（热）、制冷（热）效果差、噪声等现象，严重时还会导致无法开机的故障。

1 压缩机的检测方法

以涡旋式变频压缩机为例，若出现异常，需要先将涡旋式变频压缩机电动机接线端子处的护盖拆下，再使用万用表检测涡旋式变频压缩机电动机接线端子间的阻值判断是否出现故障，如图8-17所示。

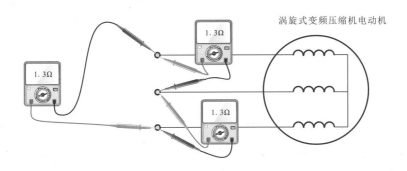

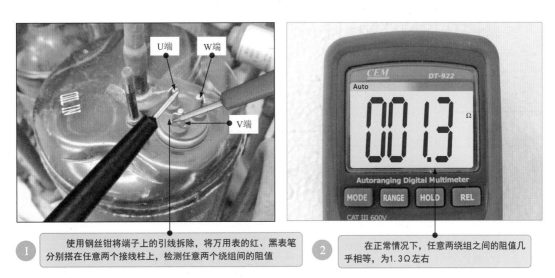

① 使用钢丝钳将端子上的引线拆除，将万用表的红、黑表笔分别搭在任意两个接线柱上，检测任意两个绕组间的阻值

② 在正常情况下，任意两绕组之间的阻值几乎相等，为1.3Ω左右

图8-17 涡旋式变频压缩机的检测

涡旋式变频压缩机电动机多为三相永磁转子式交流电动机。其内部为三相绕组，在正常情况下，三相绕组两两之间均有一定的阻值，且完全相等。若检测时发现阻值趋于无穷大，则说明绕组有断路故障。

若经过检测确定为涡旋式变频压缩机电动机损坏，则需选择同型号的压缩机更换。

螺杆式压缩机的故障表现与检修方法如图8-18所示。

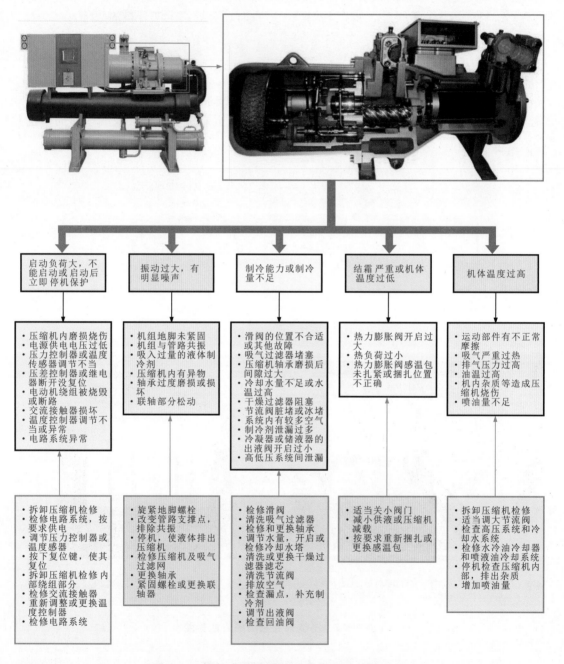

图8-18 螺杆式压缩机的故障表现与检修方法

2 压缩机的代换方法

若经检测确定为压缩机故障,则需要更换压缩机。通常,涡旋式变频压缩机需整体更换;螺杆式压缩机可进一步排查故障点,更换损坏的功能部件,如图8-19所示。

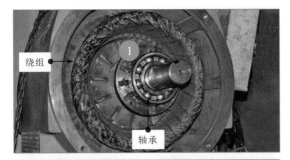

图8-19 螺杆式压缩机功能部件的更换

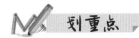

① 拆卸螺杆式压缩机的一侧端盖，检查轴承、绕组等部分有无损伤。

② 检查轴承中的钢珠有无磨损情况，若磨损严重或出现裂痕，则应更换轴承。

③ 拆卸螺杆式压缩机另一侧的端盖及连轴部分，找到阴、阳转子进行检查。

④ 拆下阴、阳转子检查有无明显损伤，若损伤严重，则应用同规格的转子更换。

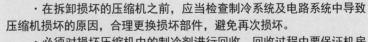

·在拆卸损坏的压缩机之前，应当检查制冷系统及电路系统中导致压缩机损坏的原因，合理更换损坏部件，避免再次损坏。

·必须对损坏压缩机中的制冷剂进行回收，回收过程中要保证机房空气流通。

·在选择更换压缩机时，应当尽量选择相同厂家同型号的压缩机。

·将损坏的压缩机取下并更换新压缩机后，应当使用氮气清洁制冷剂循环管路。

·对系统进行抽真空操作时，应执行多次抽真空操作，在保证管路系统内部绝对的真空状态后，系统压力达到标准数值。

·压缩机安装好后，应当在关机状态下充注制冷剂，当充注量达到60%之后，开机，继续充注制冷剂，达到额定充注量时止。

·更换压缩机后，需要同时更换干燥过滤器。

8.3 电磁四通阀的结构和检测

8.3.1 电磁四通阀的结构

　　电磁四通阀是一种用于控制制冷剂流向的部件，一般安装在压缩机附近，通过改变压缩机送出制冷剂的流向改变制冷和制热状态。

　　图8-20为电磁四通阀的实物外形及内部结构。可以看到，电磁四通阀是由四通换向阀和电磁导向阀两个部分组成的，与多个管路连接，换向动作受主控电路控制。

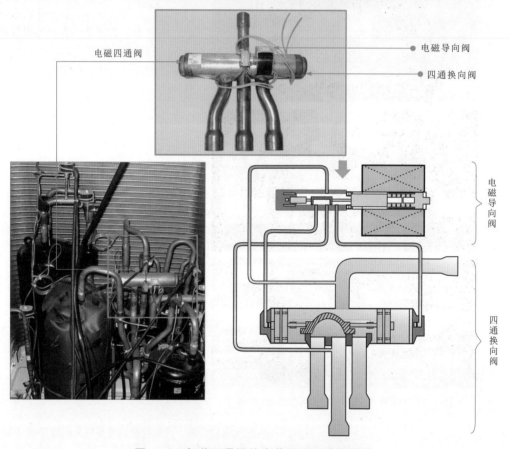

图8-20　电磁四通阀的实物外形及内部结构

　　电磁导向阀是由阀芯、弹簧、衔铁电磁线圈等构成的。四通换向阀是由滑块、活塞与四根连接管路等构成的。四通换向阀上的四根连接管路可以分别连接压缩机的排气孔、压缩机的吸气孔、蒸发器及冷凝器。电磁导向阀是通过三根毛细管与四通换向阀连接的。

　　工作时，当电磁导向阀接收到控制信号后，驱动电磁线圈牵引衔铁运动，电磁铁带动阀芯动作，从而改变毛细管导通位置。毛细管的导通可以改变管路中的压力，当压力发生改变时，四通换向阀中的活塞带动滑块动作，实现换向工作。

图8-21为电磁四通阀由制冷状态转换成制热状态的工作过程。当电磁导向阀接收到控制信号，使电磁线圈吸引衔铁动作时，衔铁带动阀芯向右移动，导向毛细管E堵塞，导向毛细管F、G导通。由于导向毛细管E堵塞，使区域H内充满高压气体；在区域I内，通过导向毛细管F、G及连接管C与压缩机回气管相通，形成低压区，当区域H的压强大于区域I的压强时，滑块被活塞带动，向右移动，使连接管C和连接管D相通，连接管A和连接管B相通。

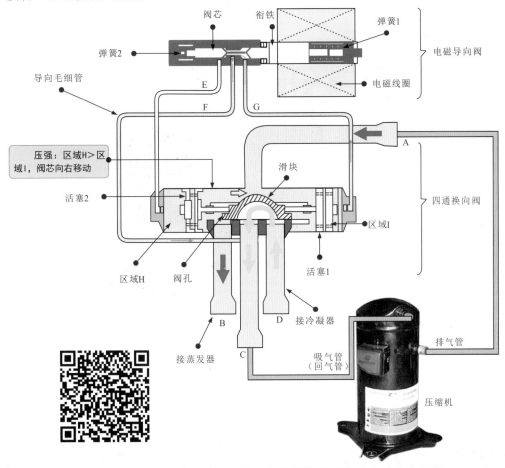

图8-21　电磁四通阀由制冷状态转换成制热状态的工作过程

图8-22为电磁四通阀由制热状态转换为制冷状态的工作原理。当电磁导向阀接收到控制信号时，电磁线圈松开衔铁，衔铁带动阀芯向左移动，导向毛细管G堵塞，导向毛细管E与F导通，当区域I的压强大于区域H的压强时，滑块被活塞带动向左移动，使连接管B和连接管C相通，连接管A和连接管D相通。

8.3.2 电磁四通阀的检测

电磁四通阀常出现的故障有线圈断路、短路，无控制信号、控制失灵、内部堵塞、换向阀块不动作、窜气及泄漏等。

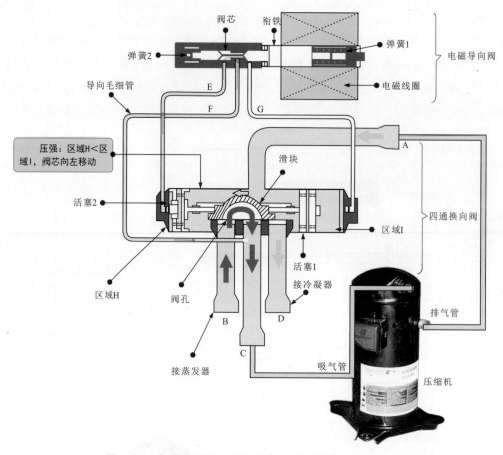

图8-22 电磁四通阀由制热状态转换为制冷状态的工作原理

1 电磁四通阀管路泄漏的检测方法

当电磁四通阀连接管路泄漏时，通常会导致电磁四通阀无动作，通常可以采用对连接管路重新焊接。电磁四通阀连接管路泄漏的检测方法如图8-23所示。

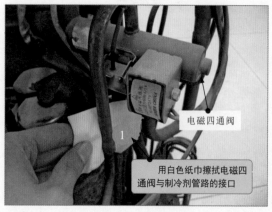

图8-23 电磁四通阀连接管路泄漏的检测方法

2 电磁四通阀内堵或窜气的检修方法

图8-24为电磁四通阀内堵或窜气的检修方法。电磁四通阀内部发生堵塞或窜气时，常会导致电磁四通阀在没有接收到自动换向指令时自行换向动作，或接收到换向指令后无动作。

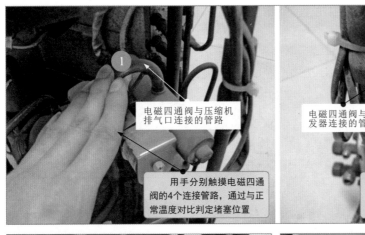

电磁四通阀与压缩机排气口连接的管路

用手分别触摸电磁四通阀的4个连接管路，通过与正常温度对比判定堵塞位置

电磁四通阀与蒸发器连接的管路

制冷时，与蒸发器连接的管路温度冷；制热时，与蒸发器连接的管路温度热。若温度错误，则说明发生堵塞或窜气

电磁四通阀

木棒

当确定电磁四通阀内部堵塞时，可用木棒轻轻敲击电磁四通阀，使内部的滑块归位

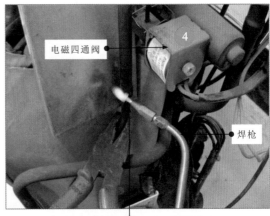

电磁四通阀

焊枪

当敲击无法使电磁四通阀恢复正常时，应当选配相同规格的电磁四通阀更换

图8-24 电磁四通阀内堵或窜气的检修方法

在正常情况下，电磁四通阀连接管路的温度应符合标准。当温度完全相同时，说明电磁四通阀内部窜气，应进行更换；当温度与正常温度相差过大时，说明电磁四通阀内部发生堵塞，可以通过敲击的方法排除故障；若故障仍不能排除时，则可以通过更换电磁四通阀排除故障。表8-1为调制冷剂循环系统的温度情况。

表8-1 制冷剂循环系统的温度情况

工作模式	接压缩机排气管	接压缩机吸气管	接蒸发器	接冷凝器
制冷状态	热	冷	冷	热
制热状态	热	冷	热	冷

3 电磁四通阀线圈的检测方法

图8-25为电磁四通阀线圈的检测方法。电磁四通阀线圈故障时，会导致电磁四通阀可以正常接收控制信号，但接收到控制信号后会发出异常响声，可以通过检测线圈绕组阻值进行判断，若出现故障，则应当更换电磁四通阀或线圈。

图8-25 电磁四通阀线圈的检测方法

4 电磁四通阀线圈的更换方法

如图8-26所示，电磁四通阀通常安装在压缩机的上方，与多根制冷剂管路相连，使用气焊设备和钳子可拆卸电磁四通阀。

图8-26 电磁四通阀的拆卸方法

划重点

1 检测电磁四通阀线圈时，需要先将连接插件拔下。

2 将万用表的红、黑表笔分别搭在电磁四通阀连接插件的引脚上。

3 在正常情况下，用万用表测得的阻值约为1.468kΩ。

1 使用螺钉旋具将电磁四通阀线圈上的固定螺钉拧下，取下线圈。

2 使用焊枪加热电磁四通阀与压缩机吸气管相连的管路。

3 待电磁四通阀的连接管路全部拆焊后，即可将损坏的电磁四通阀卸下。

图8-27为电磁四通阀的更换方法。卸下损坏的电磁四通阀后，将与损坏电磁四通阀相同规格的新电磁四通阀重新焊接到制冷剂管路中即可。

划重点

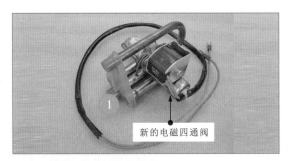

新的电磁四通阀

① 选用与原电磁四通阀的规格参数、体积大小等相同的新电磁四通阀进行更换。

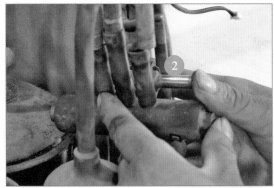

② 将新电磁四通阀放置到原电磁四通阀的位置，注意对齐管路。

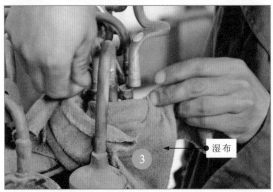

湿布

③ 在电磁四通阀阀体上覆盖一层湿布，防止焊接时阀体过热。

焊条

④ 使用气焊设备将新电磁四通阀的4根管路分别与制冷剂管路焊接在一起。

⑤ 焊接完成后，进行检漏、抽真空、充注制冷剂等操作，通电试机，故障被排除。

图8-27 电磁四通阀的更换方法

8.4 风机盘管的结构和检修流程

8.4.1 风机盘管的结构

风机盘管主要用于将制冷管路输送来的冷量（热量）吹入室内，以实现温度调节。

图8-28为风机盘管的结构。风机盘管主要是由出水口、进水口、排气阀、凝结水出口、积水盘、接线盒、回风箱、过滤网、风扇组件、电加热器（可选）、盘管、出风口等部分构成的。

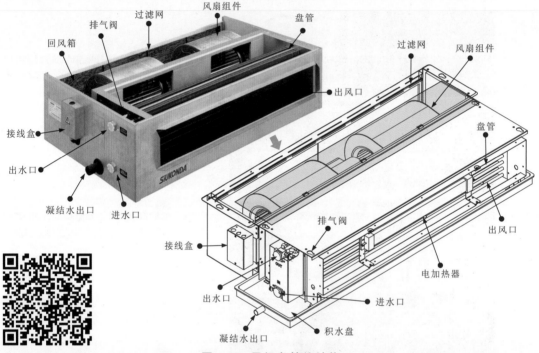

图8-28 风机盘管的结构

风机盘管中的风扇组件是由电动机座、风扇支架、电动机、风扇叶轮及蜗壳等组成的，如图8-29所示。电动机控制蜗壳中的风扇叶轮旋转，从而产生风。

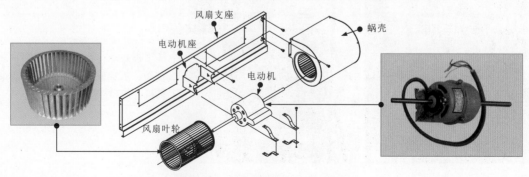

图8-29 风机盘管中的风扇组件

图8-30为风机盘管的工作原理。当中央空调系统制冷时，由入水口将冷水送入风机盘管，冷水会通过盘管循环，风扇组件中的电动机接到启动信号带动风扇运转，使空气通过进风口进入，与风机盘管中的冷水发生热交换，对空气降温后，再由风扇将降温后的空气送出，对室内降温。当空气与风机盘管热交换时，容易形成冷凝水，冷凝水进入积水盘，由凝结水出口排出。当中央空调系统制热时，需要由入水口进入热水，使热水与室内空气热交换，输出热风，当风机盘管中的热水经过热交换后，由出水口流出。

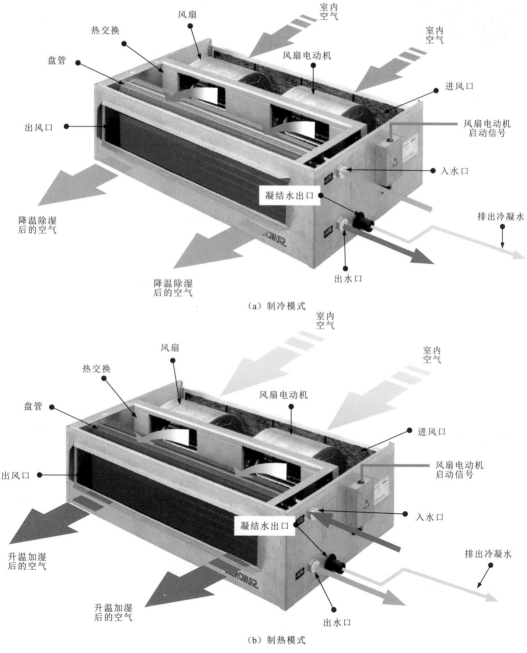

图8-30 风机盘管的工作原理

8.4.2 风机盘管的检修流程

风机盘管常见的故障有无法启动、风量小或不出风、风不冷（或不热）、机壳外部结露、漏水、运行中有噪声等，可通过对损坏部件的检修或更换排除故障。

图8-31为风机盘管的检修流程。

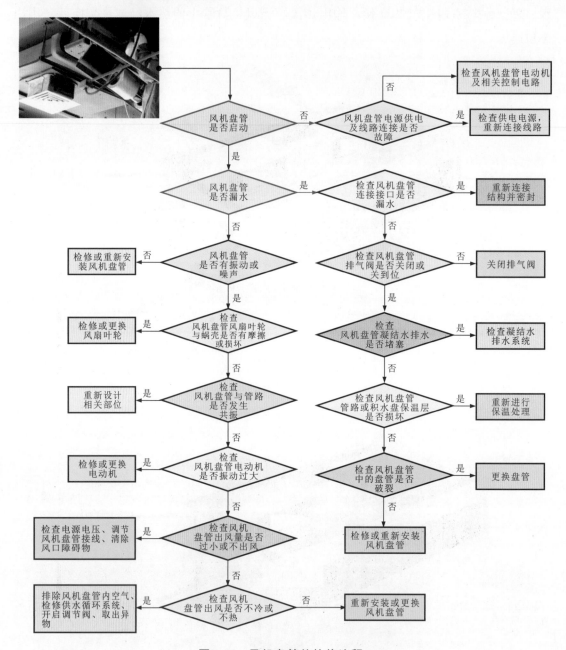

图8-31　风机盘管的检修流程

若风机盘管功能部件损坏严重，则应对损坏的功能部件或整个风机盘管进行更换。

8.5 冷却水塔的结构和检修维护

8.5.1 冷却水塔的结构

冷却水塔主要用于对冷却水进行降温，系统连接如图8-32所示。冷凝器出水口与冷却水塔入水口连接，循环水由冷凝器送入冷却水塔。冷却水塔出水口与蒸发器入水口连接，循环水由冷却水塔送入蒸发器。

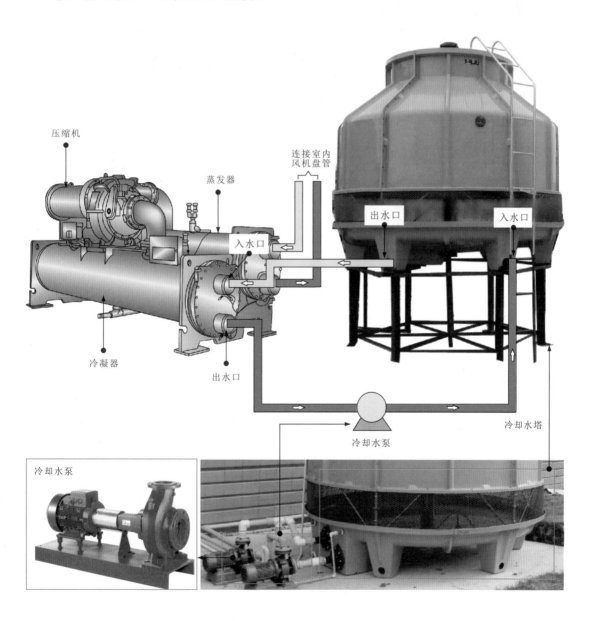

图8-32 冷却水塔系统连接

冷却水塔的工作原理如图8-33所示。

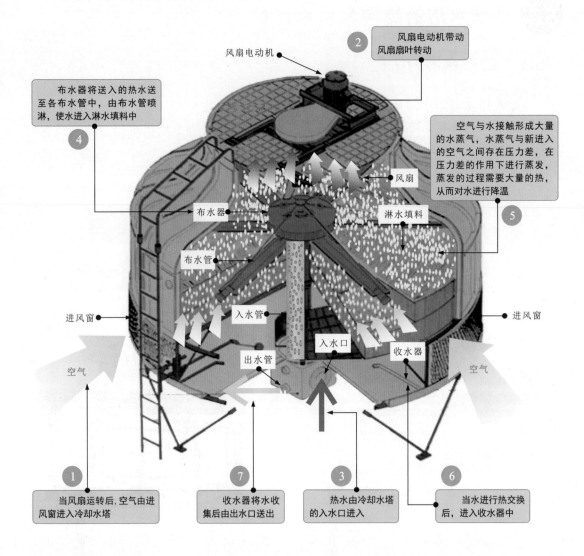

风扇电动机

2 风扇电动机带动风扇扇叶转动

4 布水器将送入的热水送至各布水管中，由布水管喷淋，使水进入淋水填料中

5 空气与水接触形成大量的水蒸气，水蒸气与新进入的空气之间存在压力差，在压力差的作用下进行蒸发，蒸发的过程需要大量的热，从而对水进行降温

风扇

布水器

淋水填料

布水管

入水管

进风窗

进风窗

空气

出水管

入水口

收水器

空气

1 当风扇运转后，空气由进风窗进入冷却水塔

7 收水器将水收集后由出水口送出

3 热水由冷却水塔的入水口进入

6 当水进行热交换后，进入收水器中

图8-33 冷却水塔的工作原理

进入冷却水塔的空气为低湿度的干燥空气，在水与空气之间存在明显的水分子浓度差和动能压力差。当冷却水塔中的风扇电动机运行时，在静压作用下，水分子不断蒸发，形成水蒸气分子，剩余水分子的平均动能会降低，使循环水的温度下降。

在中央空调系统中，只要有空气不断进入冷却水塔，则水温就会降低。循环水蒸发不是无休止的，当与水接触的空气不饱和时，水分子会不断蒸发，当空气中的水分子饱和时，水分子就不会再蒸发了，而是处于一种动平衡状态。当蒸发的水分子数量与从空气中返回到水中的水分子数量相等时，水温就会保持不变。也就是说，与水接触的空气越干燥，蒸发就越容易，水温就越容易降低。

8.5.2 冷却水塔的检修维护

冷却水塔由风扇电动机控制风扇扇叶，并由风扇吹动空气使冷却水塔淋水填料中的水与空气进行热交换。冷却水塔出现故障主要表现为无法对循环水进行降温、循环水降温不达标等。该类故障多是由于冷却水塔风扇电动机故障引起风扇停转、布水管内部堵塞无法进行均匀布水、淋水填料老化、冷却水塔过脏等造成的，检修维护时可重点从这几个方面逐步排查。

划重点

1 冷却水塔外壳的检查与修复

图8-34为冷却水塔外壳的检查与修复。

图8-34 冷却水塔外壳的检查与修复

1 检查冷却水塔外壳是否破裂或漏水。

2 使用胶水将冷却水塔外壳上的裂口黏合。

2 冷却水塔风扇扇叶的检查与代换

图8-35为冷却水塔风扇扇叶的检查与代换。

图8-35 冷却水塔风扇扇叶的检查与代换

1 检查冷却水塔内风扇扇叶是否损坏。

2 若损坏，则使用相同规格的风扇扇叶代换。

3 冷却水塔风扇电动机的检查与修复

图8-36为冷却水塔风扇电动机的检查与修复。

4 冷却水塔淋水填料的检查与更换

图8-37为冷却水塔淋水填料的检查与更换。

划重点

1️⃣ 检查风扇电动机能否正常启动。

2️⃣ 若怀疑风扇电动机损坏，则可拆卸风扇电动机，并对其内部进行检测。

3️⃣ 检查轴承是否润滑，根据实际情况判断是否需要补充润滑油。

图8-36　冷却水塔风扇电动机的检查与修复

1️⃣ 检查冷却水塔中的淋水填料是否老化。

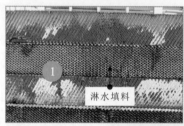

2️⃣ 若老化，则选择规格、材料、类型与原淋水填料相同的淋水填料进行更换。

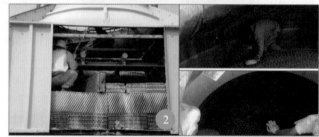

图8-37　冷却水塔淋水填料的检查与更换

5 冷却水塔内部的清污处理

图8-38为冷却水塔内部的清污处理。

1️⃣ 检查冷却水塔内部脏污是否过多。

2️⃣ 使用高压水枪将冷却水塔内部的脏污清除。

图8-38　冷却水塔内部的清污处理

第9章

电路系统检修技能

9.1 电路系统检修分析

中央空调电路系统是指整个系统中的电气部件和控制电路部分，是实现整个系统电气关联和控制的系统。

9.1.1 风冷式中央空调电路系统

风冷式中央空调电路系统主要包括室外机电气控制箱和室内机线控器等部分，如图9-1所示。温度传感器、水流开关、过流开关、高/低压开关等电气部件安装在相应管路部分，通过线缆接入控制箱中。

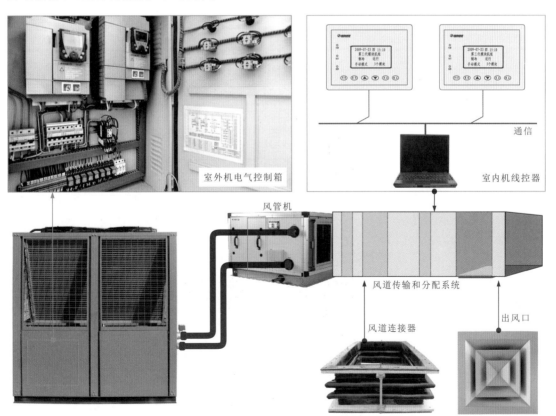

室外机电气控制箱

通信

室内机线控器

风管机

风道传输和分配系统

风道连接器

出风口

图9-1 风冷式中央空调电路系统

图9-2为风冷式中央空调电路系统原理图。压缩机、风扇电动机等设备接通电源后，工作状态直接受主控电路板控制。主控电路通过识别人工指令信号、传感器检测信号控制系统的运行状态。

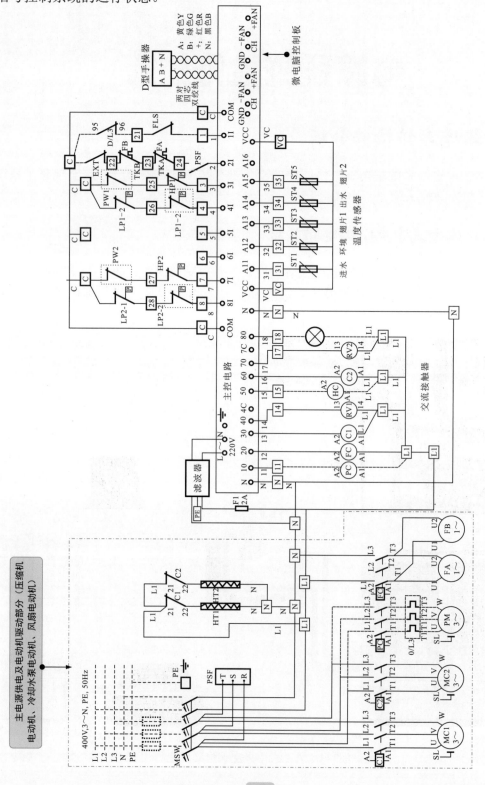

图9-2　风冷式中央空调电路系统原理图

9.1.2 水冷式中央空调电路系统

水冷式中央空调电路系统控制结构如图9-3所示。

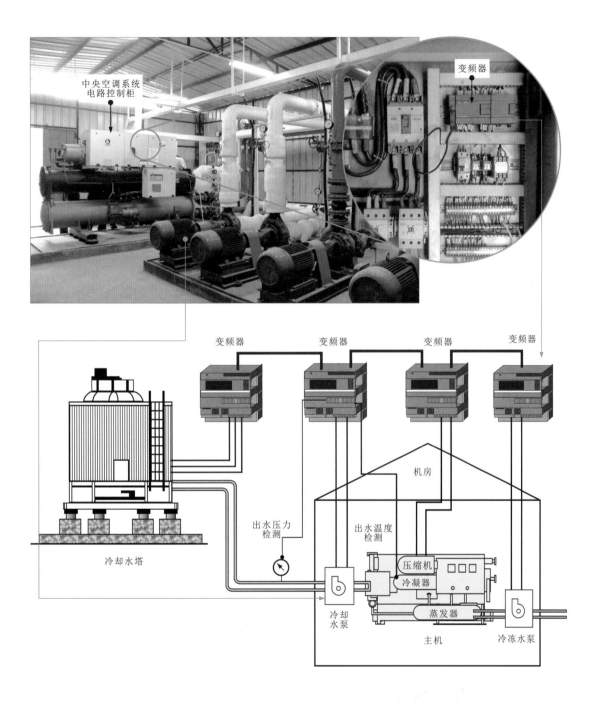

图9-3 水冷式中央空调电路系统控制结构

1 采用变频器控制的水冷式中央空调电路系统

图9-4为采用变频器控制的水冷式中央空调电路系统原理图，采用3台通用型变频器分别控制回风机电动机M1和送风机电动机M2、M3。

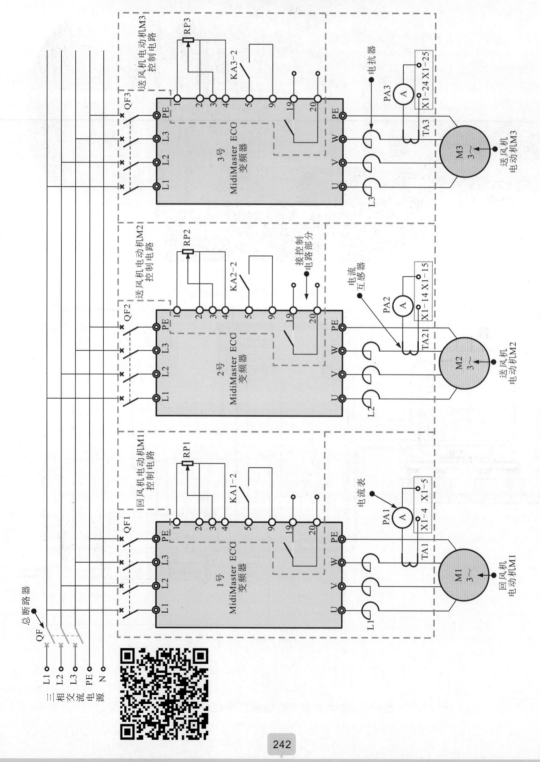

图9-4 采用变频器控制的水冷式中央空调电路系统原理图

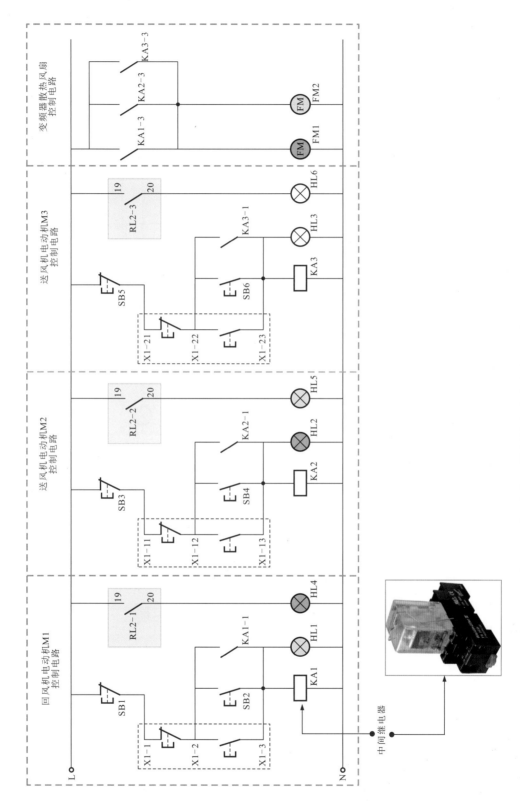

图9-4 采用变频器控制的水冷式中央空调电路系统原理图（续）

以回风机电动机M1为例，变频启动控制过程如图9-5所示。

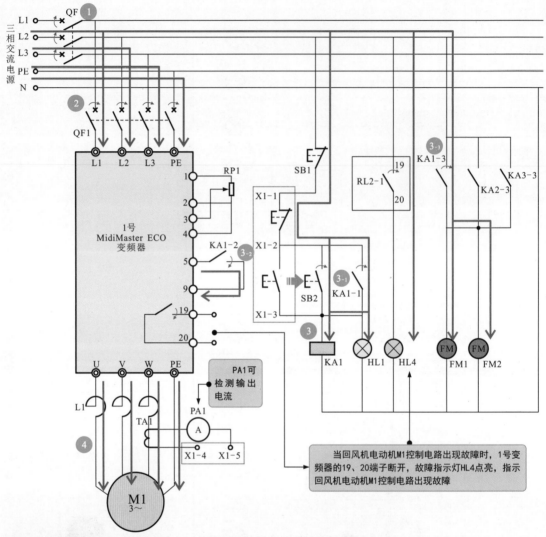

图9-5　回风机电动机M1的变频启动控制过程

图9-5电路分析

① 合上总断路器QF，接通三相电源。

② 合上断路器QF1，1号变频器得电。

③ 按下启动按钮SB2，中间继电器KA1线圈得电。

　③₋₁ KA1常开触头KA1-1闭合，实现自锁功能，同时运行指示灯HL1点亮，指示回风机电动机M1启动工作。

　③₋₂ KA1常开触头KA1-2闭合，变频器接收到变频启动指令。

　③₋₃ KA1常开触头KA1-3闭合，接通变频柜散热风扇FM1、FM2的供电电源，散热风扇FM1、FM2启动工作。

④ 变频器内部主电路开始工作，U、V、W端输出变频驱动信号，信号频率按预置的升速时间上升至与频率给定电位器设定的数值，回风机电动机M1按照给定的频率运转。

图9-6为回风机电动机M1的变频停机控制过程。

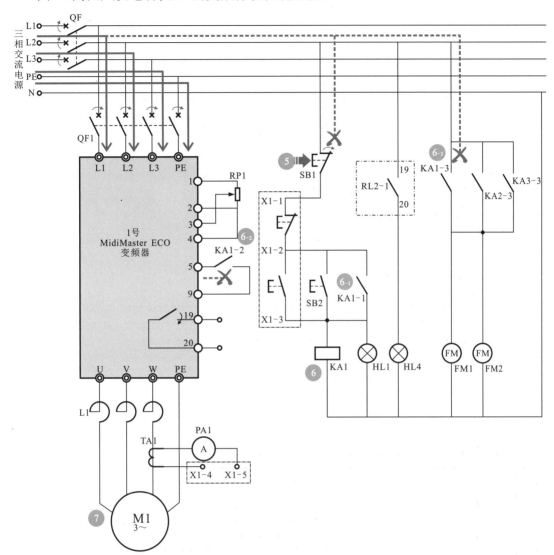

图9-6 回风机电动机M1的变频停机控制过程

图9-6电路分析

⑤ 按下停止按钮SB1，运行指示灯HL1熄灭。

⑥ 中间继电器KA1线圈失电，触点全部复位。

　⑥-1 KA1的常开触头KA1-1复位断开，解除自锁功能。

　⑥-2 KA1常开触头KA1-2复位断开，变频器接收到停机指令。

　⑥-3 KA1常开触头KA1-3复位断开，切断变频柜散热风扇FM1、FM2的供电电源，FM1、FM2停止工作。

⑦ 经变频器内部电路处理，由U、V、W端输出变频停机驱动信号，加到回风机电动机M1的三相绕组上，M1转速降低，直至停机。

　　在中央空调系统中，送风机电动机M2、送风机电动机M3的变频启动、停机控制过程与回风机电动机M1的控制过程相似，可参照上述分析了解具体过程。

2 采用变频器和PLC组合控制的水冷式中央空调电路系统

图9-7为由采用变频器和PLC组合控制的水冷式中央空调电路系统原理图，主要由西门子变频器（MM430）、西门子S7-200 PLC等构成。

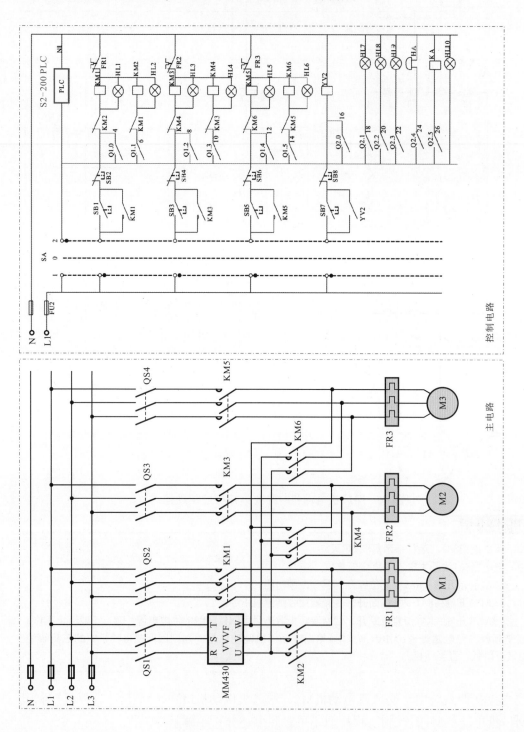

图9-7 采用变频器和PLC组合控制的水冷式中央空调电路系统原理图

图9-7电路分析

中央空调三台风扇电动机M1~M3有两种工作形式：一种是受变频器VVVF和交流接触器KM2、KM4、KM6的变频控制；另一种是受交流接触器KM1、KM3、KM5的定频控制。

在主电路部分，QS1~QS4分别作为变频器和三台风扇电动机的电源断路器；FR1~FR3分别作为三台风扇电动机的过热保护继电器。

在控制电路部分，S7-200 PLC自动控制中央空调送风系统；SB1~SB8手动控制送风系统。这两种控制方式的切换受转换开关SA控制。

图9-8为采用变频器和PLC组合控制的水冷式中央空调系统中冷却水泵的控制电路原理图。

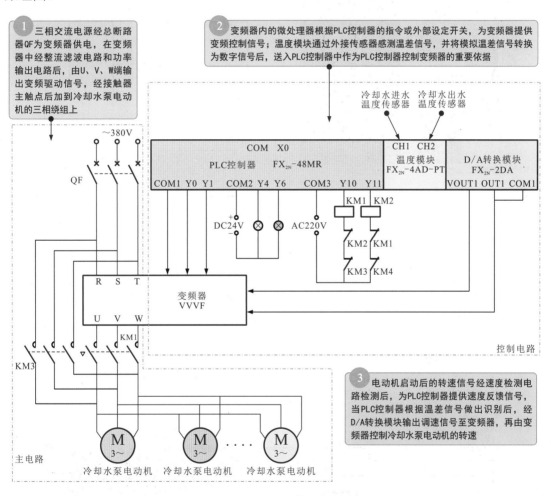

图9-8 采用变频器和PLC组合控制的水冷式中央空调系统中冷却水泵的控制电路原理图

一般来说，在PLC控制过程中，除了接收外部开关信号，还需要对很多连续变化的物理量进行监测，如温度、压力、流量、湿度等。其中，温度的检测和控制是不可缺少的，在通常情况下是利用温度传感器感测连续变化的物理量后变为电压或电流信号，再将这些信号连接到适当的模拟量输入模块的接线端上，经过模/数转换后，将数据送入PLC进行运算或处理，通过PLC输出到设备中。

9.1.3 多联式中央空调电路系统

多联式中央空调电路系统分布在室外机和室内机两个部分，电气部件之间由接口及电缆实现连接和信号传输，如图9-9所示。

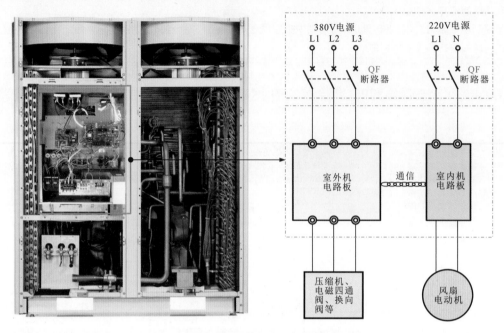

图9-9　多联式中央空调电路系统

1 多联式中央空调室内机电路板

如图9-10所示，多联式中央空调室内机有多种类型，不同类型室内机电路板的安装位置和结构组成不同。

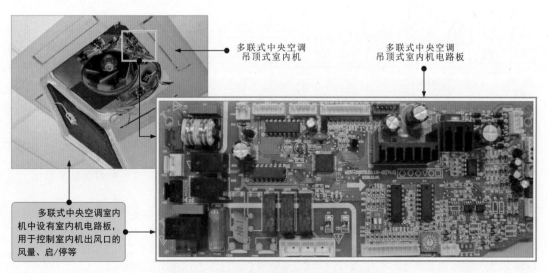

多联式中央空调吊顶式室内机

多联式中央空调吊顶式室内机电路板

多联式中央空调室内机中设有室内机电路板，用于控制室内机出风口的风量、启/停等

图9-10　多联式中央空调室内机电路板

2 多联式中央空调室外机电路板

多联式中央空调室外机电路板一般安装在室外机前面板的下方，打开前面板后即可看到，如图9-11所示，主要包括交流输入电路板、整流和滤波电路板，变频电路板和主控电路板几部分。

图9-11　多联式中央空调室外机电路板

如图9-12所示，在中央空调系统中，连接交流电源并进行滤波的电路被称为交流输入电路，在该电路中一般还设有防雷击电路。

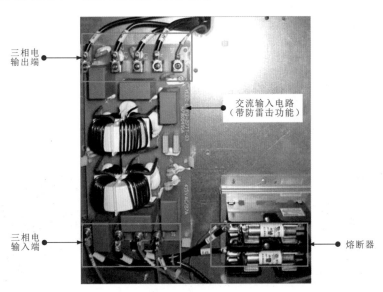

图9-12　多联式中央空调室外机交流输入电路板

图9-13为多联式中央空调室外机滤波和整流电路板。

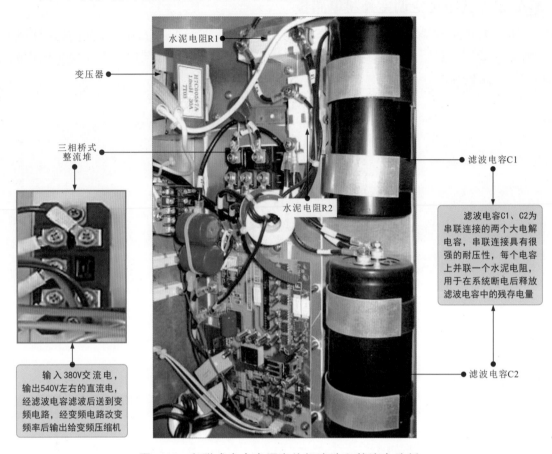

水泥电阻R1

变压器

三相桥式整流堆

水泥电阻R2

滤波电容C1

滤波电容C1、C2为串联连接的两个大电解电容，串联连接具有很强的耐压性，每个电容上并联一个水泥电阻，用于在系统断电后释放滤波电容中的残存电量

滤波电容C2

输入380V交流电，输出540V左右的直流电，经滤波电容滤波后送到变频电路，经变频电路改变频率后输出给变频压缩机

图9-13　多联式中央空调室外机滤波和整流电路板

如图9-14所示，变频电路是室外机电路系统的核心部分，也是用弱电（主控板）控制强电（压缩机驱动电源）的关键，一般包含开关电源和变频模块两个部分。高频变压器与外围元器件构成开关电源电路，在该电路板的背面为变频模块。

变频模块

变频控制板

图9-14　多联式中央空调室外机变频电路板

图9-15为变频控制电路简图。交流供电电压经整流电路先变成直流电压，经场效应晶体管变成三相频率可变的交流电压后，控制压缩机驱动电动机。该电动机通常有两种类型，即三相交流电动机和三相交流永磁转子式电动机。后者的节能和调速性能更为优越。逻辑控制电路通常由微处理器组成。

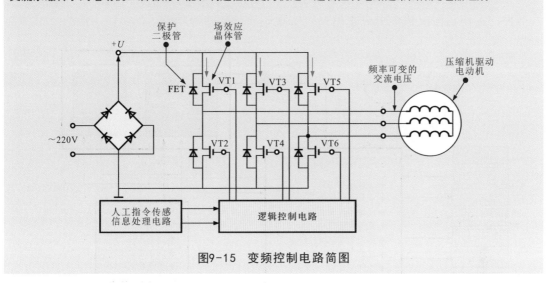

图9-15 变频控制电路简图

如图9-16所示，多联式中央空调室外机中的主控电路板安装有很多集成电路、接口插座及相关电路，是室外机电路的控制核心。

图9-16 多联式中央空调室外机主控电路板及其相关电路板

3 多联式中央空调电路系统的工作原理

如图9-17所示，多联式中央空调室内机与室外机电路系统配合工作，控制相关电气部件的工作状态及整个中央空调系统实现制冷、制热等功能。

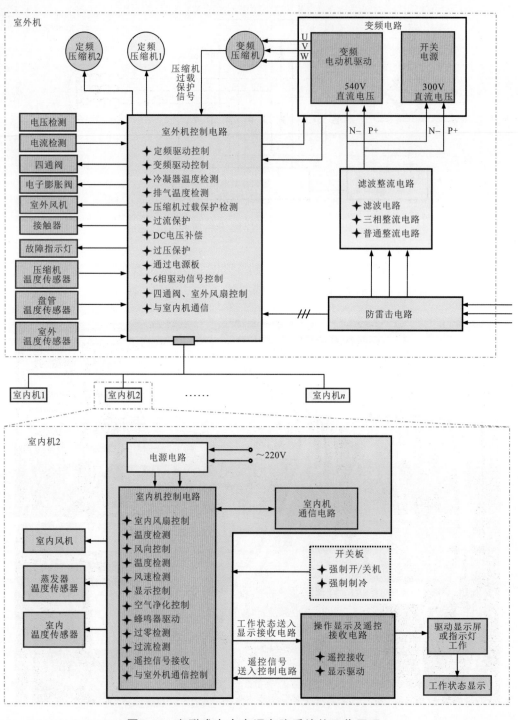

图9-17 多联式中央空调电路系统的工作原理

图9-18为多联式中央空调壁挂式室内机的电路系统接线图。可以看到，室内机电路系统主要是由主控电路板及相关的送风电动机、摇摆电动机、电子膨胀阀、室温传感器、蒸发器中部管温传感器、蒸发器出口管温传感器等电气部分构成的。

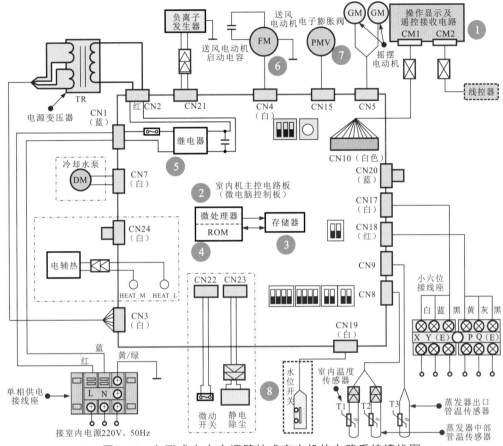

图9-18 多联式中央空调壁挂式室内机的电路系统接线图

图9-18电路分析

① 室内机的工作受遥控发射器的控制。遥控发射器可以将空调器的开机/关机、制冷/制热功能转换、制冷/制热温度设置、风速强弱、导通板的摆动等控制信号编码成脉冲控制信号，以红外光的方式传输到室内机中的遥控接收电路，遥控接收电路将光信号变成电信号后送到微处理器中。

② 主控电路中的微处理器芯片对遥控指令进行识别，根据指令内容调用存储器中的程序，按照程序对空调器的各部分进行控制。

③ 主控电路板中设有数据存储器或程序存储器存储数据或程序，在微处理器芯片内设有存储器（ROM）。

④ 室内机的微处理器收到制冷启动信号后，根据指令内容从ROM中调用相应的程序后，微处理器便根据程序进行控制。

⑤ 由主继电器启动接口电路输出驱动信号使继电器（安装在主控电路板上）动作，接通交流220V电源，为室内机的相关电路供电。

⑥ 微处理器的送风电动机控制接口电路输出控制信号，经驱动电路使送风电动机旋转，输出控制信号，经摇摆电动机驱动接口电路输出驱动信号启动摇摆电动机。

⑦ 微处理器输出控制信号，经接口电路输出驱动信号控制电子膨胀阀关闭、打开及打开程度等（制热时打开电子膨胀阀）。

⑧ 预设功能接口，如水泵、电辅热、水位开关、静电除尘和负离子发生器等部分可作为选用接口。接口CN19不接水位开关时，需用导线短接。

图9-19为多联式中央空调室外机电路系统的接线图。

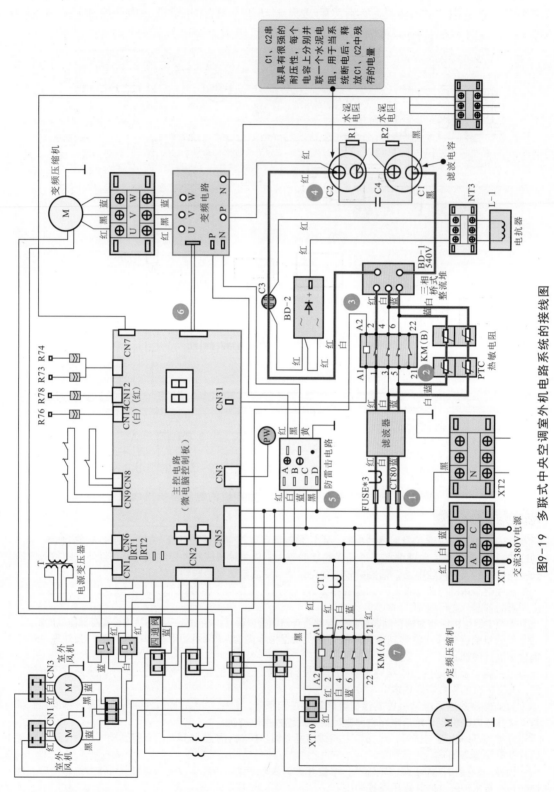

图9-19 多联式中央空调室外机电路系统的接线图

图9-19电路分析

① 三相380V电源经接线座后送入室外机电路中，一路分别经三个熔断器FUSE*3和磁环CT80后送入滤波器L-1中，经滤波器滤除杂波后输出三相电压。

② 初始状态，接触器KM（B）未吸合，三相电源电压中的两相经4个PTC热敏电阻器后送入三相桥式整流堆BD-1中，由BD-1整流后输出540V左右的直流电压。该电压为滤波电容C1、C2充电。在初始供电状态，流过4个PTC热敏电阻器的电流较大，PTC温度上升，阻值增大，输出的电流减小，可有效防止加电时后级电容充电电流过大。

③ 上电约2s后，主控电路输出驱动信号使接触器KM（B）线圈得电，带动触点吸合，PTC热敏电阻器被短路，失去限流作用。三相电经接触器触点后直接送入三相桥式整流堆BD-1，经整流后的直流电压经普通桥式整流堆BD-2和电抗器L-1后加到滤波电容C1、C2。电抗器L-1用于增强整个电路的功率因数。

④ 540V左右的直流电压经C1、C2滤波后加到变频电路中为变频电路中的变频模块供电。

⑤ 三相电经接线座后，另一路送入防雷击电路中。其中一相经防雷击电路整流滤波后输出300V的直流电压。该电压加到变频电路的开关电源部分，开关电源输出+5V、+12V、+24V直流电压为变频电路的电子元器件提供工作条件。

⑥ 主控电路的变频电路驱动接口输出驱动信号到变频电路，经变频模块功率放大后输出U、V、W三相驱动信号，驱动变频压缩机启动；主控电路室外风机驱动接口输出室外风机驱动信号，使室外风机开始运行。

⑦ 当室内机需要较大的制冷能力时，室外机主控电路输出定频压缩机启动信号，控制接触器KM（A）线圈得电，带动KM2触点吸合，接通定频压缩机供电，启动定频压缩机运行。若系统中有多个定频压缩机，则开启时间需要间隔5s。

9.1.4 电路系统检修流程

中央空调电路系统是一个具有自动控制、自动检测和自动故障诊断功能的智能控制系统，若出现故障，常会引起中央空调控制失常、整个系统不能启动、部分功能失常、制冷/制热异常及启动断电等故障。

中央空调电路系统出现故障时，应先从系统电源部分入手，排除故障后，再排除控制电路、负载等部分的故障，如图9-20所示。

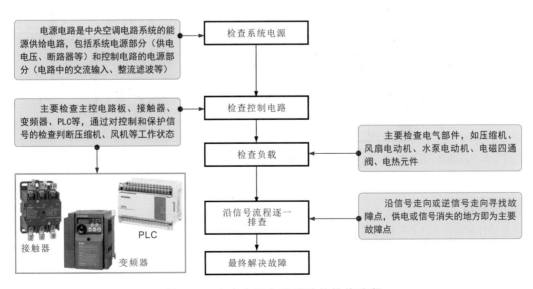

图9-20 中央空调电路系统的检修流程

9.2 电路系统部件检修

9.2.1 断路器

断路器又称空气开关，是安装在中央空调电路系统总电源线路上的电气部件，用于手动或自动控制整个电路系统供电电源的通/断，可在电路系统出现过流或短路故障时自动切断电源，起到保护作用，也可以在检修电路系统或较长时间不用电路系统时切断电源，起到将电路系统与电源隔离的作用。

 断路器的结构

如图9-21所示，断路器具有操作安全、使用方便、安装简单、控制和保护双重功能、工作可靠等特点。

（a）220V断路器　　　（b）380V断路器　　　（c）电路图形符号

图9-21　断路器

断路器的手动或自动通/断状态通过内部机械和电气部件联动实现，如图9-22所示。

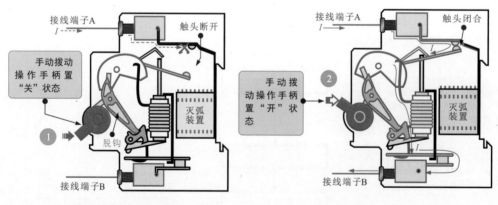

（a）断路器操作手柄处于"关"状态　　　　（b）断路器操作手柄处于"开"状态

图9-22　塑壳式低压断路器通/断两种状态

图9-22解析

❶ 当操作手柄位于"开"状态时，触头闭合，操作手柄带动脱钩动作，连杆部分带动触头动作，触头闭合，电流经接线端子A、触头、电磁脱扣器、热脱扣器后，由接线端子B输出。

❷ 当操作手柄位于"关"状态时，触头断开，操作手柄带动脱钩动作，连杆部分带动触头动作，触头断开，电流被切断。

在中央空调电路系统中，断路器主要应用在线路过载、短路、欠压保护或不频繁接通和切断的主电路中。室外机多采用380V断路器，室内机多采用220V断路器。选配断路器时可根据所接机组最大功率的1.2倍进行选择。

2 断路器的检测方法

检测断路器时，可以在断电情况下，利用通/断状态的特点，借助万用表检测断路器输入端子和输出端子之间的阻值判断好坏，如图9-23所示。检测输入和输出端子之间的通/断状态时，应确保当前系统前级总电源处于断电状态。

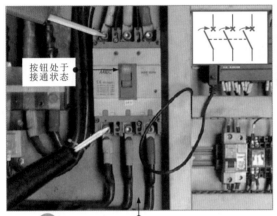

按钮处于接通状态

① 将万用表的挡位旋钮调至"×1"欧姆挡，红、黑表笔分别搭在断路器一相的输入和输出端子上

② 实测阻值为0

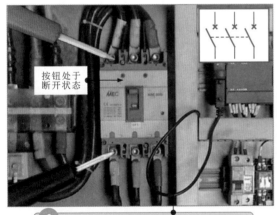

按钮处于断开状态

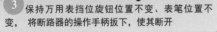

③ 保持万用表挡位旋钮位置不变、表笔位置不变，将断路器的操作手柄扳下，使其断开

④ 实测阻值为无穷大

图9-23 断路器的检测方法

在正常情况下，当断路器处于断开状态时，输入和输出端子之间的阻值应为无穷大；处于接通状态时，输入和输出端子之间的阻值应为0；若不符合，则说明断路器损坏，应用同规格的断路器更换。

9.2.2 交流接触器

交流接触器主要作为压缩机、风扇电动机、水泵电动机等交流供电侧的通/断开关。

1 交流接触器的结构

图9-24为交流接触器。

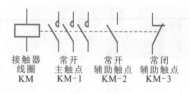

（a）交流接触器 　　　　　　　　　（b）电路图形符号

图9-24　交流接触器

交流接触器得电的工作过程如图9-25所示。

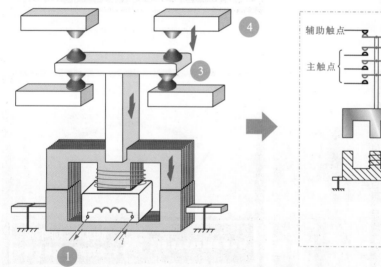
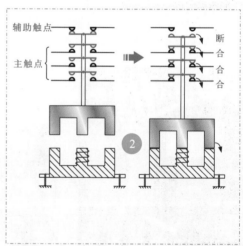

图9-25　接触器线圈得电的工作过程

图9-25电路解析

① 交流接触器线圈得电。

② 交流接触器内部上下两块衔铁磁化相互吸合，动铁芯在电磁引力作用下向下移动，压缩弹簧，带动可动作的触点向下移动。

③ 常开主触点闭合。

④ 常闭辅助触点断开。

图9-26为交流接触器的控制过程。

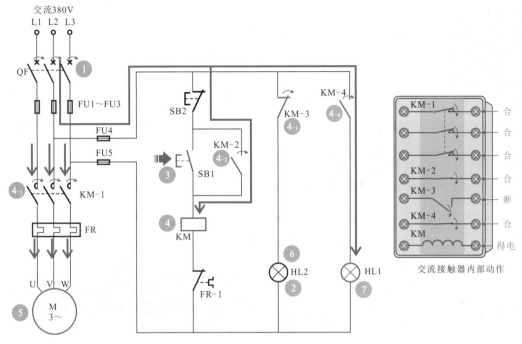

图9-26　交流接触器的控制过程

图9-26电路分析

① 闭合断路器QF，接通三相电源。

② 电源经交流接触器KM的常闭辅助触点KM-3为停机指示灯HL2供电，HL2点亮。

③ 按下启动按钮SB1，常开触点闭合。

④ 交流接触器KM 线圈得电。

　　④-1 常开主触点KM-1闭合。

　　④-2 常开辅助触点KM-2闭合实现自锁功能。

　　④-3 常闭辅助触点KM-3断开。

　　④-4 常开辅助触点KM-4闭合。

④-1 → ⑤ 水泵电动机接通三相电源启动运转。

④-3 → ⑥ 切断停机指示灯HL2的供电电源，HL2熄灭。

④-4 → ⑦ 常开辅助触点KM-4闭合，运行指示灯HL1点亮，指示水泵电动机处于工作状态。

2　交流接触器的检测方法

　　交流接触器是中央空调电路系统中的重要部件，主要利用内部主触点控制负载的通/断状态，用辅助触点执行控制指令。

　　交流接触器安装在控制配电柜中，接收控制信号后，线圈得电，触点动作（常开触点闭合，常闭触点断开），负载开始通电工作；线圈失电，各触点复位，负载断电并停机。

　　若交流接触器损坏，则会造成中央空调不能启动或运行异常。此时可使用万用表通过检测交流接触器引脚间的阻值判断好坏。

图9-27为交流接触器的检测方法。

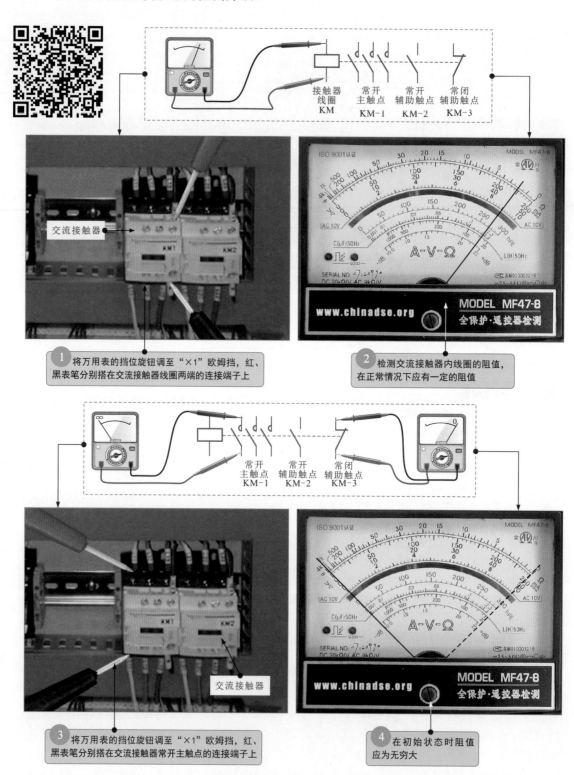

1 将万用表的挡位旋钮调至"×1"欧姆挡，红、黑表笔分别搭在交流接触器线圈两端的连接端子上

2 检测交流接触器内线圈的阻值，在正常情况下应有一定的阻值

3 将万用表的挡位旋钮调至"×1"欧姆挡，红、黑表笔分别搭在交流接触器常开主触点的连接端子上

4 在初始状态时阻值应为无穷大

图9-27　交流接触器的检测方法

9.2.3 变频器

变频器是目前很多水冷式中央空调电路系统的核心部件，在控制系统中用于将频率固定的工频电源（50Hz）变成频率可变（0～500Hz）的变频电源，实现对压缩机、风扇电动机、水泵电动机启动及转速的控制。

1 变频器的实物外形

图9-28为变频器的实物外形和控制电路。

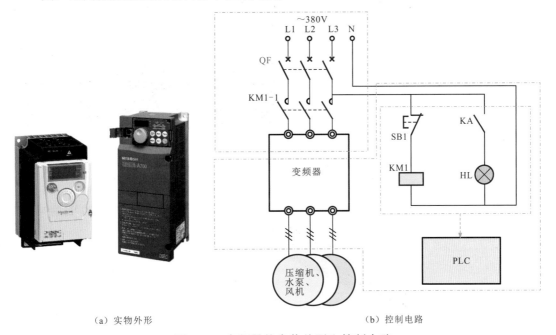

（a）实物外形　　　　　　　　　　　　　（b）控制电路

图9-28　变频器的实物外形和控制电路

变频器在中央空调电路系统中分别对主机压缩机、冷却水泵电动机、冷冻水泵电动机进行变频驱动，实现对温度、温差的控制，有效实现节能，可通过两种途径实现节能效果：

◇ 压差控制为主，温度/温差控制为辅。以压差信号为反馈信号反馈到变频器电路中进行恒压差控制。压差的目标值可以在一定范围内根据回水温度适当调节。当房间温度较低时，压差的目标值适当下降一些，降低冷冻水泵的平均转速，提高节能效果。

◇ 温度/温差控制为主，压差控制为辅。以温度/温差信号为反馈信号反馈到变频器电路中进行恒温度、温差控制，目标信号可以根据压差大小适当调节。当压差偏高时，说明负荷较重，应适当提高目标信号，提高冷冻水泵的平均转速，确保最高楼层具有足够的压力。

2 变频器的检测方法

在中央空调电路系统中，变频器控制电路系统安装在控制箱中，变频器作为核心控制部件主要用于控制冷却水循环系统（冷却水塔、冷却水泵、冷冻水泵等）及压缩机的运转状态。

　　当变频器异常时，往往会导致变频控制系统失常。判断变频器的性能是否正常，主要可采用万用表检测变频器供电电压和输出控制信号。

　　图9-29为变频器供电电压和输出电压的检测方法。若输入电压正常，无变频驱动信号输出，则说明变频器异常。

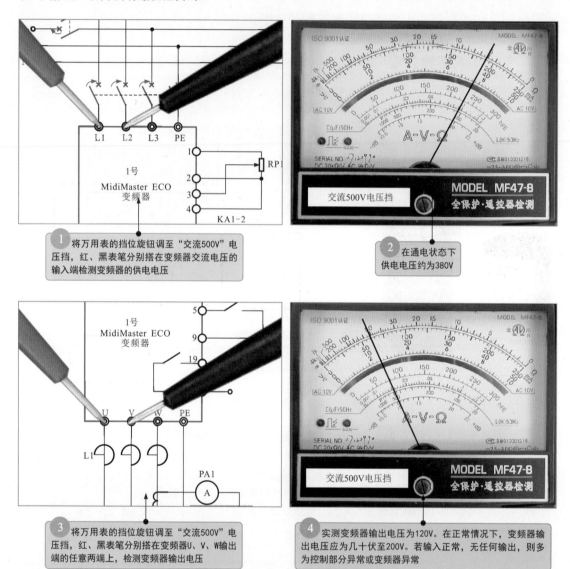

图9-29　变频器供电电压和输出电压的检测方法

　　由于变频器属于精密电子器件，内部包括多种电路，因此检测时除了检测输入和输出，还可以通过显示屏显示的故障代码排除故障。例如，三菱FR-A700变频器，若显示屏显示"E. LF"，则表明变频器出现输出缺相的故障，应正常连接输出端子，并查看输出缺相保护选择的值是否正常。

　　变频器的使用寿命也会受外围环境的影响，如温度、湿度等，所以应安装在环境允许的位置，连接线的安装也要谨慎，如果误接，也会损坏变频器，为了防止触电，还需要将变频器的接地端接地。

9.2.4 PLC

在中央空调控制系统中，很多控制电路采用PLC控制，不仅提高了控制电路的自动化性能，还简化了电路结构，方便后期对系统进行调试和维护。

PLC的英文全称为Programmable Logic Controller，即可编程控制器，是一种将计算机技术与继电器控制技术结合起来的现代化自动控制装置。

1 PLC的实物外形

PLC在中央空调电路系统中主要与变频器配合使用，共同完成对电路系统的控制，使控制系统简易化，提高了控制系统的可靠性和可维护性，如图9-30所示。

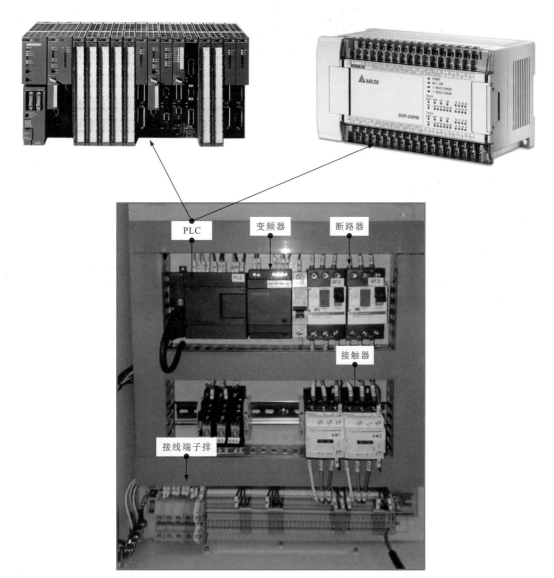

图9-30 PLC的实物外形

2 PLC的检测方法

如图9-31所示，判断PLC性能是否正常，应检测供电电压是否正常，若供电电压正常，没有输出，则说明PLC异常，需要进行检修或更换。

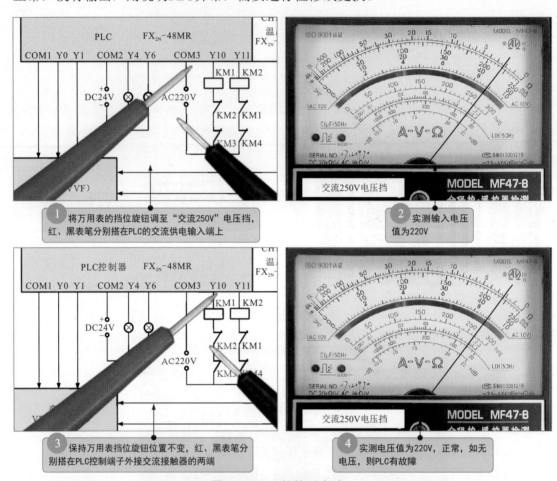

图9-31 PLC的检测方法

PLC的控制功能主要由内部编写的程序实现，当PLC控制功能失常时，除了检测供电、输入/输出信号，还需要排查所编写的程序是否正常，示意图如图9-32所示。

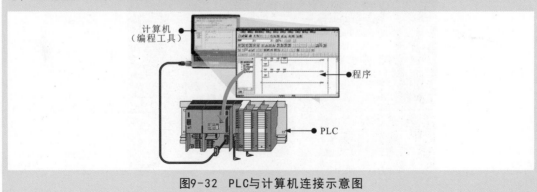

图9-32 PLC与计算机连接示意图